Umweltpolitik ohne Durchsetzungsvermögen?

Peter-Georg Albrecht

Umweltpolitik ohne Durchsetzungsvermögen?

Staatliches Handeln aus der Perspektive von Umweltengagierten

PETER LANG

Bibliografische Information der Deutschen Nationalbibliothek
Die Deutsche Nationalbibliothek verzeichnet diese Publikation
in der Deutschen Nationalbibliografie; detaillierte bibliografische
Daten sind im Internet über http://dnb.d-nb.de abrufbar.

Gefördert durch Pro FH e.V., den Förderverein der Hochschule
Magdeburg-Stendal, die Partnerschaft für Demokratie der
Landeshauptstadt Magdeburg im Bundesprogramm "Demokratie
leben!" sowie das PS-Lotteriesparen der Sparkasse MagdeBurg.

Gefördert vom

im Rahmen des Bundesprogramms

Bundesministerium
für Familie, Senioren, Frauen
und Jugend

Demokratie *leben!*

Sparkasse
MagdeBurg

ISBN 978-3-631-87803-3 (Print)
E-ISBN 978-3-631-88615-1 (E-PDF)
E-ISBN 978-3-631-88616-8 (EPUB)
DOI 10.3726/b20039

Inhalt

Einleitung

Zur Zeit der Konzeption, der Interviewfragenerarbeitung und vor allem der Interviews der Studie gab es zwar bereits Coronamaßnahmen-Proteste. Staatliche Durchgriffe wurden öffentlich jedoch noch nicht so intensiv als Zumutung angeprangert, wie es ab Herbst 2021 auf den Straßen und Plätzen der Orte, in denen die Interviewpartnerinnen leben, hörbar wurde.

Zur Zeit der offenen, der komparativen und der fokussierenden Analyse der Interviewdaten gab es noch keinen Krieg in Europa. Das Vorgehen von Staaten wurde öffentlich nicht mit so vielen Ängsten, aber auch dem Wunsch nach konsequentem Agieren betrachtet wie im Frühjahr 2022.

Trotzdem lohnt der fast pandemieunbeeinflusste und noch friedenszeitliche Blick auf die politischen Einstellungen von Umweltengagierten und ihre Auffassungen von wirtschaftlichem, zivilgesellschaftlichem und staatlichem Handeln, Regierungsauftrag und staatlichem Durchsetzungsvermögen.

Die Einstellungen der Befragten zwischen umweltschützendem und umweltpolitischen Engagement zeigen: Sie sind für mehr Politik, ja bessere Politik, eine Politik mit mehr Kraft, „Wumms" und Durchsetzungsstärke für die Umwelt, die aber ohne Druck, Zwang und Sanktionen auskommen soll.

Die Interviewpartnerinnen kritisieren umweltschädigendes Verhalten, umweltschädigende Strukturen und Umweltfrevel, weil zur Rettung der Umwelt nur wenig bzw. kaum noch Zeit verbleibt.

Sie ziehen Belohnungen Bestrafungen vor, weil Zwang ihnen überhaupt nicht zusagt.

Ihres Erachtens bedarf es verstärkter Umweltcourage, weiterer Mitwirkender für Umwelt-, Natur-, Tier- und Klimaschutz, umweltförderlicherer gesellschaftlicher Strukturen und einer Regierung, die etwas durchsetzt.

Ihr eigener Weg ins Engagement zeigt, dass und wie Bildung für nachhaltige Entwicklung wirkt: Als Erwachsenenbildung, die zu Umweltschutzengagement führt und motiviert.

Aber weil die Befragten viele Argumente gegen eine starke, eine durchsetzungsfähige Demokratie bzw. Staatlichkeit vortragen, lohnt es zukünftig in Wissenschaft und Praxis neben dem Umweltschutzengagement auch das Umweltpolitikengagement in den Blick zu nehmen.

Die Studie spricht von Umweltschützerinnen. Männliche und diverse Engagierte mögen sich ebenfalls angesprochen fühlen.

Die Untersuchungsarbeit wurde realisiert mit Unterstützung von Pro FH e.V., dem Förderverein der Hochschule Magdeburg-Stendal. Förderer waren die „Partnerschaft für Demokratie" der Landeshauptstadt Magdeburg und das Förderprogramm „Demokratie leben!" des Bundesministeriums für Familie, Senioren, Frauen und Jugend. Die Veröffentlichung erfolgte mit Unterstützung der Sparkasse MagdeBurg aus Zweckerträgen der PS-Lotterie.

Der Autor dankt Ricarda Schaaf, Marcel Böge, Julia-Marie Zigann, Manuela Schwartz, Petra Schneider, Thomas Kauer, Susanne Wienholt-Kall, Alexander Kutz, Ludger Nagel, Heike Mahn und allen Förderern für ihre Unterstützung!

Teil I: Die Motivation der Studie

I.1 Problem 1: Fragwürdiges Engagement. Rechtsextremisten für Umweltschutz

Vor wenigen Monaten warb die neuere rechtsextreme Kleinpartei „Der dritte Weg" in Flugblättern mit dem Slogan „Umweltschutz ist auch Heimatschutz" für sich (MI 2020, S. 53).

Vieles deutet darauf hin, dass es mittlerweile umfängliche personelle, interaktive und vor allem ideologische Verbindungen des Rechtsextremismus zum Naturschutz gibt. Dabei galten der Naturschutz bisher als das Gute und die ihn vertretenden sozialen Bewegungen gegen Umweltzerstörung und für Bewahrung der Schöpfung als die Guten.

Mittlerweile sieht es anders aus: Niemand kann ausschließlich wohlwollend annehmen, dass Menschenrechten zum Durchbruch verholfen und die Demokratie gestärkt wird, wenn sich die demokratische gewählte Regierung nur einer „starken" Zivilgesellschaft gegenübersieht. Eher muss auch von einer „dunklen Seite" der Zivilgesellschaft ausgegangen werden (vgl. Roth 2004, S. 41–64).

Mit der Rothschen Diagnose endete auch für den bewegungsförmigen Naturschutz die Idealisierung, nach der soziale Bewegungen zuvorderst als positiver Beitrag zum heutigen System politischer Interessenvermittlung gesehen wurden (wie von Rucht 1993 und auch zuvor bei Roth 1999), weil diese – ausschließlich positiv betrachtet – stets „einer wachsenden Politikverdrossenheit" Abhilfe verschaffen und der „nachlassenden Bindekraft etablierter Organisationen" kreativ und attraktiv gegenübertreten (so Rucht 2011, S. 558–559).

Und damit muss möglicherweise der bisherige Sympathie- und Vertrauensvorschuss für soziale Bewegungen im Allgemeinen entfallen. Zu fragen ist, wie naturbezogen und möglicherweise sogar umweltschutzbezogen sich der bewegungsförmige Rechtsextremismus – im Einzugsgebiet der hier vorliegenden Studie – betätigt und wie er damit seine ideologische Basis stärkt und erweitert.

Im folgenden Kapitel wird zur Beantwortung dieser Frage ausschließlich auf exemplarisch ausgewählte lokale Verfassungsschutzberichte zu

Rechtsextremisten, rechtsextremen Gruppierungen und rechtsextremen Parteien in Ostdeutschland zurückgegriffen.

Ziel war es, mit dieser Vorrecherche zur geplanten Interviewstudie die verschiedenen journalistischen und wissenschaftlichen Durchsichten rechtsextremer Veröffentlichungen und der dortigen Ausführungen (wie bspw. aktuell bei Fedder 2020 bspw. vor einigen Jahren von Staud 2015) durch eine daten- und fallspezifische lokale Beobachtung zu ergänzen. Ausgegangen wurde dabei von beobachten gemeinschaftlichen Aktivitäten Rechtsextremer; und von deren Praxis hin zur Ideologiebildung gefragt.

Die eingeschränkte Geltung der dafür genutzten Quellen ist den Forscherinnen bewusst[1], diente diese Vorrecherche doch ausschließlich der Schärfung des Blickes für das Problem und hegt keinerlei Anspruch auf regionale und temporäre empirische Vollständigkeit oder ähnliches: Sie haben nämlich primär die Verfassungsschutzunterlagen des Bundeslandes Sachsen-Anhalt der 1990er Jahre bereits in einem Forschungsprojekt von 2002 bis 2005 durchgesehen (Albrecht, Eckert, Roth, Thielen-Reffgen & Wetzstein 2001). Die Verfassungsschutzdokumente der 2000er Jahre wurden in einem Forschungsprojekt von 2009 bis 2011 gesichtet (Albrecht 2009). Die Durchsicht der Berichte der 2010er Jahre erfolgt im Jahr 2021.

1 Naturbezüge im Rechtsextremismus Ostdeutschlands in den 1990er Jahren

Zunächst muss beim Blick auf die Aktivitäten und Ideologiebildung der 1990er Jahre festgestellt werden: Alle heute praktizierten und ideologisch vertiefenden und verfestigen rechtsextremen Phänomene gab es – beobachtet von den Ämtern für Verfassungsschutz – bereits Anfang der 1990er Jahre in Ostdeutschland; so wie es sie auch schon in der DDR (vgl. hierzu Bugiel 2002, Albrecht 2004) sowie in Westdeutschland geben hatte.

Gepflegt wurden diese Aktivitäten vor allem in den vielen parteiförmigen bundesweit agierenden Organisationen wie der Nationaldemokratischen

---

1   Dies geschah vor dem umstrittenen Einstieg des Bundesamtes für Verfassungsschutz in die Wissenschaften. Siehe https://www.heise.de/tp/features/Sozialwissenschaft-im-Dienst-der-Inneren-Sicherheit-6188513.html?seite=all Zuletzt eingesehen am 15.03.2022.

Partei Deutschlands NPD, den Republikanern REP, der Deutsche Volksunion DVU, der Deutsche Liga für Volk und Heimat DLVH und der 1995 verbotenen Freiheitlichen Deutsche Arbeiterpartei FAP (MI 1995).

Außerdem war sie Praxis in den lokalen Initiativen wie der Deutsche Freundeskreis Nordharz DFN und der so genannten Direkten Aktion Mitteldeutschland JF sowie lokal wirksam werdende deutschlandweite Verbände wie der ebenfalls 1995 verbotenen Wiking-Jugend WJ (MI 1995).

Insbesondere die Wiking-Jugend führte naturbezogene „Pfingsttreffen" und „Winterlager" durch, die zum Teil in Ostdeutschland und zum Teil unter Beteiligung von ostdeutschen Aktivistinnen stattfand (MI 1995, S. 105). Aber auch die vielen rechtsextremen Kleinparteien gaben sich – durch Angebot entsprechender Aktivitäten und Ideologisierungsmaßnahmen – bewegungsförmig, um in Ostdeutschland kommunitär Fuß zu fassen.

Die Aktivistinnen von parteiförmigen und verbandlichen Gruppierungen sowie auch Einzelinitiativen fanden sich Anfang der 1990er Jahre unter dem Dachbegriff „Anti-Antifa" zu verschiedenen Aktionen zusammen. Als Propagandamaterial wurde in diesen Jahren in Sachsen-Anhalt unter anderem ein sogenannter „NaturSchutz-Denkzettel" („NS-Denkzettel") verteilt, in dem eine Gruppe namens „Weißer Arischer Widerstand" zum Mord an politischen Gegnern aufrief (MI 1995, S. 57).

2 Die Situation zur Jahrtausendwende rund um das Jahr 2000

Um die Jahrtausendwende waren im parteiförmigen Rechtsextremismus in Ostdeutschland vor allem zwei Parteien von Bedeutung: Die Deutsche Volksunion DVU, die es 1998er mit einer großen Fraktion in das Landesparlament Sachsen-Anhalts geschafft hatte, und die Nationaldemokratische Partei Deutschlands NPD, die in Kommunalparlamente einzog. Während die DVU eher eine unternehmerische Initiative war und blieb, erfreute sich die NPD hoher Attraktivität bei den lokalen Rechtsextremisten, die in dieser Zeit vor allem als „Kameradschaften" zusammentraten. Rechtsextremes Engagement mit Naturbezügen bis hin zu einer Umweltschutzorientierung gehörte zur Alltagspraxis dieser Gruppierungen. Und zeigte sich mittlerweile auch in der Begriffswahl deutlicher: „Wintersonnenwendfeiern" wurden zwar weiterhin in Gaststätten

als „Weihnachtsfeiern deklariert" (MI 2001, S. 33–34), häufiger aber kam
es zu dem Versuch, neben Rechtsrockkonzerten für diese Zwecke vorhandene kleinere Grundstücke und größere Liegenschaften zu nutzen. Immer
wieder wurden außerdem Grundstücke unter anderem für diesen Zweck
erworben, wie bspw. das in dieser Zeit aktive sogenannte „Nationale Zen-
trum Mitteldeutschland" (MI 2001, S. 34).

Eine regionale Skinheadgruppierung nannte sich „Ostara". Ihre Angehö-
rigen führten jährlich „Questenfeiern" sowie andere „Sonnenwendfeiern"
durch (MI 2001, S. 9). Immer wieder trafen sich die lokalen Kameradschaften an verschiedenen Orten zu „Frühlingsfeiern" „nach überliefertem
altgermanischem Brauch" (MI 2001, S. 22). Ein Gruppentreffpunkt von
Skinheads wurde in Anspielung an einen Bunker im Nationalsozialismus,
aber auch möglicherweise auch in Anspielung an das im Namen enthal-
tende Naturbild „Wolfsschanze" genannt (MI 2001, S. 10).

Zur Verteidigung der Heimat hatte sich in der lokalen Skinheadszene
der sogenannte „SelbstSchutz Sachsen-Anhalt" (SS SA) gebildet, der sich
unter anderem an Demonstrationen unter dem Titel „Contra Castor. Die
Gewalt kommt von Links" beteiligte (MI 2001, S. 8).

„Ostara" hieß in dieser Zeit auch ein rechtsextremes Fanzine, in dem
sich Rechtsextremisten unter anderem mit den „Palästinensern, die da in
ihrer Heimat Palästina für ihr Überleben kämpfen … gegen die Zionist
Occupied Government (zionistisch vereinnahmte Regierung) und für ihre
Freiheit kämpfen" (MI 2001, S. 15).

3 Zum Rechtsextremismus in Ostdeutschland vor rund zehn Jahren

Rechtsextremes Engagement mit Naturbezügen war vor zehn Jahren in
Ostdeutschland kaum wahrnehmbar, aber vorhanden. Zwar dominierten
die Themen „nationaler Sozialismus", Widerstand gegen die „kapitalistische Ausbeutung", „Nein zu imperialistischer Kriegstreiberei" (der USA
und Nato) (MI 2011, S. 16). Immer wieder aber wurden weiterhin gerade
in ländlichen Räumen Grundstücke angemietet, um auf ihnen sogenannte
„Ostara-Osterfeuer" und „Erntedankfeste" zu feiern (MI 2011, S. 24).

Neben der aktions- und außenorientierten steten Mobilisierung zur
„Selbstverteidigung" dieser Orte (MI 2011, S. 25) kam es zu ideologischen

Weiterentwicklungen, die sich z.B. in klandestinen exklusiven „Sommer-
sonnenwendfeiern" bspw. in „stillgelegten Kalksteinschächten" manifes-
tierten (MI 2011, S. 34).

Die bereits die gesamten 2000er Jahre zu verzeichnende massenhafte
Verbreitung von rechtsextremen Inhalten über das Internet wurde nun
ergänzt durch einen starken Aufwuchs an Publikationen des rechtskon-
servativen und rechtsextremen Texten durch die so genannten „Neuen
Rechten" (MI 2011, S. 36), die an der ideologischen Unterbau der rechtsextremen Aktivitäten zu arbeiten begannen. Heimat manifestierte sich als
Natur, die aber völkisch auch gegen andersdenkende Naturschutzorgani-
sationen zu verteidigen ist, wie ein Marsch auf den Brocken im Harz in diesem Jahr zeigte und folgendermaßen begründet wurde: „Wer den Brocken
dazu benutzt, um Stimmung gegen alles Nationale zu machen, wie die
Bundestagsmitglieder der Grünen, die sich … auf dem Gipfel angekündigt
haben, der wird schnell merken, dass der Harz immer noch die Heimat der
Deutschen ist und nicht die der von überalimentierten Bundestags-C-Pro-
mis aufgebotenen ‚Negertanzgruppe'" dort (MI 2011, S. 49).

Immer wieder fanden neben diesen öffentlichkeitswirksamen Aktionen
Veranstaltungen statt, in der „Herbsttagungen" sowie Feste statt, in denen
„der ‚Tradition' entsprechend Teilnehmer … einen Questenbaum schmü-
cken und aufstellen und ein ‚Sonnenwendfeuer' entzünden" 8MI 2011,
S. 61).

Neben den aktionsbezogenen Kontinuitäten kam es zu ideologischen
Verfestigungen: Hervor tat sich dabei unter anderem die rechtsextreme
„Artgemeinschaft – Germanische Glaubensgemeinschaft wesensgemäßer
Lebensgestaltung e.V. zur Bewahrung, Erneuerung und Weiterentwicklung
der Kultur der nordeuropäischen Menschenart" 2010 in Thüringen tat
(MI 2011, S. 61).

Diese Gruppierungen grenzten sich, wie es die ideologisch tonange-
bende „Neue Rechte", einerseits vom Rechtsextremismus ab (MI 2011,
S. 36), der als Jugendgewalt in Folge von Unterdrückungs- und Erobe-
rungsphänomenen und Anomie relativiert wird. Andererseits gaben sie
sich, politische Linke kopierend, allerdings im Sinne ihres „nationalen
Sozialismus" antikapitalistisch und antimilitaristisch sowie freiheitlich
bzw. freiraumorientiert.

4 Naturbezüge des heutigen Rechtsextremismus

Der heutige Rechtsextremismus kopiert die in eher linken politischen Protestszenen und -gruppen etablierte Kapitalismuskritik, indem er wie diese den Kapitalismus nicht nur als Wirtschaftsform ansieht, sondern als Grundübel und Auslöser von Migration, Besatzung durch die USA oder die NATO sowie nunmehr auch „ökologische Katastrophen" (MI 2020, S. 123).

Die kapitalistische Wirtschaftsform und der freiheitlich demokratische Rechtsstaat werden gleichgesetzt, um beides politisch bekämpfen zu können. Gleichzeitig wird zur Gewinnung von Bevölkerungszustimmung, Wählerstimmen und Engagierten an die positive Konnotation von Umweltschutz, Ökologie und Nachhaltigkeit angeknüpft: So führten die 2013 gegründete rechtsextreme Partei „Der dritte Weg" (III. Weg) in Ostdeutschland Verteilaktionen von Propagandaschriften durch, in denen Themen wie „Überfremdung und Begleiterscheinungen", aber auch „Umweltschutz ist auch Heimatschutz" behandelt wurden (MI 2020, S. 53).

Ziel ist es in einem naturbezogen-völkischem Sinne stets, den vermeintlich im Gange befindlichen „Volkstod" in Deutschland zu „stoppen" (MI 2020, S. 52). Dazu dienen Praxis, Propaganda und Ideologie der sogenannten „Reichsbürger und Selbstverwalter", die sich nicht nur auf den Fortbestand der territorialen Struktur des früheren Deutschen Reiches, sondern immer wieder auch auf ein bestimmtes und „definiertes Naturrecht" berufen (MI 2020, S. 106).

Ideologisch noch stärker, insbesondere auf jüngere Menschen, wirkt die „Identitäre Bewegung", die sich in Orientierung an den „Neuen Rechten" als „ethnopluralistisch" beschreibt, aber antiliberale und rassistisch begründete kollektivistischen Ansätze vertritt. „Begriffe wie Rasse und Volksgemeinschaft werden" in der Identitären Bewegung „durch unverfängliche Begriffe wie Ethnie, Identität und Kultur ersetzt" (MI 2020, S. 57, 56).

Gruppenbezogene Menschenfeindlichkeit wie z.B. Antisemitismus wird von den verschiedenen Formen und Formierungen des Rechtsextremismus im Sinne eines Naturschutzes ergänzt durch die Behauptung, „auch für naturwissenschaftliche Phänomene" wie „insbesondere Epidemien und Seuchen wie die Post" „sollten die Juden verantwortlich sein" und den

„Ariern" und der „arischen Herrenrasse" als „Artfremde", „Entartete" und „Untermenschen" entgegenstehen (MI 2020, S. 22, 21).

Gut vernetzte einzelne Neonazis bilden mittlerweile „den größten Teil des parteiungebundenen Rechtsextremismus" in Ostdeutschland (MI 2020, S. 71).

Dazu gehören sich zu Aktionen zusammenfindende Personen, die persönlich wie auch bei ihren Präsenz- wie auch Online-Zusammenkünften „den historischen Nationalsozialismus verherrlichen" als auch Personen und Netzwerke, die für bestimmte „ideologische Varianten des Nationalsozialismus und die Übernahme neuer Verhaltensweisen aufgeschlossen sind" – wie bspw. die neugegründeten „Nationalisten Magdeburg" (NSMD). (MI 2020, S. 71). So kommt es „im Juni und Dezember" eines jeden Jahres immer wieder zu konspirativen, die innenbeziehungen und die ideologische Basis erweiternden und stärkenden naturbezogenen Freiluftveranstaltungen wie „Sonnenwendfeiern" (MI 2020, S. 79). Außenbezogen war bspw. die Aktion „Schwarze Kreuze" an Straßenrändern, mit der darauf hingewiesen werden sollte, dass „Überfremdung tötet" (MI 2020, S. 79).

5 Manifestationen

Rechtsextremes Engagement mit Naturbezügen gab es in Sachsen-Anhalt schon immer: „Seit Mitte der 1990er Jahre versucht die NPD, sich durch die Thematisierung von lokalen Problemen wie Drogen, Umweltschutz und Gewaltorientierung bei Jugendlichen als politisch verantwortungsvoller Partner in den Kommunen ins Gespräch zu bringen", schrieben die Herausgeber einer Anfang der 2000er Jahre bedeutenden Lokalstudie (Lynen von Berg und Tschiche 2002, S. 162).

Unter anderem mit ihrer Naturnähe wollte die um die Jahrtausendwende mit einem verfassungsgerichtlichen Verbotsverfahren bedrohte rechtsextreme Nationaldemokratische Deutsche Partei NPD den von ihr so genannten „Kampf um die Straße", aber auch „Kampf um die Köpfe" und letztlich „Kampf um die Parlamente" gewinnen (Sprado 2002, S. 33). Inhaltlich war die Rechtsextremen eigene Blut-und-Boden-Ideologie untergelegt, wenn öffentlichkeitswirksamen Demonstrationen zu Themen wie „Keine deutschen Pässe für Ausländer" und „Kein deutsches Blut für fremde Interessen – USA und Nato raus aus Europa" durchgeführt wurden (Sprado 2002, S. 33).

In rechtsextremen Zeitschriften wurden Grundsteine für eine „raumgerechte Nationalökonomie, die auf deutschem Grund und Boden wirtschaften sollte", gelegt (vgl. Sprado 2002, S. 40): Der stete „Kampf um selbstständige Heimatorte kann ebenso sinnvoll sein wie der Kampf für Tier- und Naturschutz, der von den Grünen bekanntlich längst preisgegeben wurde", schrieb ein rechtsextremer Kader in einer dieser Zeitschriften. Angeknüpft werden muss aber an die Erfolge der „neuen Tierschutzpartei", die derzeit „bei den Wahlen keine unwesentlichen Stimmenanteile erzielt und die NPD bei Wahlen oft genug hinter sich lässt", heißt es in der rechtsextremen „Deutsche Stimme" Ausgabe Nr. 1 des Jahres 2000.

Im rechtsextremen Aufsatz „Unser Welt- und Menschenbild" bekannte sich der damals in Sachsen-Anhalt aktive Rechtsextremist Steffen Hupka offen zum Nationalsozialismus (Hupka 2000), denn dieser basiert für ihn auf dem „lebensrichtigen Weltbild", „das den jeweiligen neuesten naturwissenschaftlichen Erkenntnissen angepasst wird". Dort heißt es weiter: Menschen sind „biologische Grenzen" gesetzt, was territoriale und politische Folgen hat (vgl. Sprado 2002, S. 41): „Territorialität ist für den Menschen grundlegend und existenzsichernd. Der Nationalismus ist die politische Ausprägung des Territorialverhaltens und dient der Arterhaltung, also einem biologischen Grundprinzip. Das Bekenntnis zum Nationalismus stimmt also mit einem der wesentlichsten Grundprinzipien überein. Das Bekenntnis zum Nationalismus ist ein Bekenntnis zum Fortschritt", so Hupka (2000).

Um dies praktisch erlebbar zu machen, musste es zur subkulturellen Modernisierung des Rechtsextremismus neben dem „Ausflug zu den Denkmälern nationaler Geschichte" und der „Grillparty" auch den „Abend am Lagerfeuer" und „das Abenteuerwochenende im Wald" geben (Erb 2002, S. 51). Gerade die in Ostdeutschland vorhandene „Demokratieskepsis und antikapitalistische Grundströmung" nutzten Rechtsextreme als „Resonanzboden für ihre völkische kulturkämpferische Agitation", indem sie – diese Skepsis und Grundstimmung aufnehmend – vor „Überfremdung" warnten (Erb 2002, S. 56–57). Dabei wurde immer wieder die DDR und ihre Abschottung vor Zuwanderung sowie ihre (das Abwanderung und so Sich-Drücken verunmöglichende) politisch-straffe und volks- bzw.

planwirtschaftliche Verfasstheit sowie der in ihr herrschende Gemein-schaftsgeist und die in ihr allgegenwärtige Solidarität (unter den Einheimi-schen) gelobt (Albrecht 2011, S. 13–14).

Gerade die Ostdeutschen sollten – so die Rechtsextremen – vor der „fortgesetzten Kriegsführung gegen das deutsche Volk" geschützt werden, das der „Umerziehung" dient, der bereits die „in den westlichen Besat-zungszonen lebenden Deutschen völkerrechtswidrig unterworfen waren und es heute noch sind" (NPD 2001, Stellungnahme zum Verbotsantrag; in Auszügen zitiert aus Seils 2002, S. 93). Damit dies gelingt und zu rechts-extremen Territorien (im völkischen, aber auch biologistischen Sinne) führt, bedurfte es eine besonderen sozialen Zuwendung, so rechtsextreme Kader: Eine solche Zuwendung „kann darin bestehen, Rat und Tat den anderen Dorf- und Stadtteilbürgern beim Ausrichten von Festen oder im örtlichen Seniorenheim bereit zu stellen. Den Bedürftigen ist vor Ort zu helfen, so dass der Einsatz für das Gemeinwohl (‚Volksgemeinschaft') für jeden im Dorf oder im Stadtteil deutlich wird. Dies sollte jedoch nicht aus-schließlich aus Berechnung geschehen, sondern aus den nationalen und sozialen Selbstverständnis der ‚Befreiten Zonen'" (so Hupka 2000; in Aus-zügen zitiert aus Reichert 2002, S. 131).

Im Blick auf die Wahlerfolge der Alternative für Deutschland AfD und des sie mitbestimmenden rechtsextremen „Flügels" ist all diesen Einschät-zungen auch heute zuzustimmen. So wird aktuell auf der rechtsextremen Website „Recherche Dresden" festgestellt, dass „die Überbevölkerung die Mutter aller Umweltprobleme" ist und deshalb „auf einem niedrigeren Niveau stabilisiert werden muss", weil „andernfalls ein irreversibler Öko-Kollaps droht" (Recherche Dresden 2019). Der „gesellschaftszersetzenden Wirkung" von Raubbau an der Umwelt kann nur entgegengetreten wer-den, wenn sich „der Mensch auf eine ebenso natur- wie menschengemäße Weise in die Natur eingliedern kann", wird in der neuen rechten Zeitschrift „Kehre. Zeitschrift für Naturschutz" (2020) verkündet. Der derzeitigen Exekution von Natur lässt sich nur entgegentreten durch eine „Kultur der Versorgungssouveränität (Subsistenz) und Wiederverländlichung (Rerura-lisierung)" (Kehre 2020).

6 Konsequenzen

Nicht nur, aber möglicherweise besonders wegen ihrer Bioregionalisie-
rungsstrategie müssen rechtsextreme soziale Bewegungen heute als „dys-
funktionales Element demokratischer Politik gelten" ernst genommen
werden. Denn das wahrnehmbare aktionsorientierte wie auch ideologie-
produzierende „Wiedererstarken des Rechtsradikalismus" geben „Anlass
zur Skepsis" und muss möglicherweise – anders als soziale Bewegungen
bisher gesehen wurden – nunmehr deutlich „als eine Form abweichen-
den Verhaltens" charakterisiert und bearbeitet werden, wie Dieter Rucht
bereits vor zehn Jahren konstatierte (Rucht 2011, S. 559, 557).

Oder wie Adorno – der die Naturbezüge von Rechtsextremen aus seiner
geisteswissenschaftlich-sozialpsychologischen Perspektive bis auf indirekte
Bezüge auf Bauernprobleme und Hexenverbrennungen (Adorno 1967,
S. 13–15) nicht behandelte – bereits vor 55 Jahren forderte:

Die Bearbeitung der Frage, wie Zukunft des Rechtsextremismus aussehe,
darf nicht „kontemplativ" angegangen werden. Denn eine zu devote Herangehensweise (siehe Adorno 1967, S. 55), „die solche Dinge von vornhe-
rein ansieht wie Naturkatastrophen, über die man Voraussagen macht wie
über Wirbelwinde oder über Wetterkatastrophen, da steckt bereits eine
Art von Resignation drin, durch die man sich selbst als politisches Subjekt
eigentlich ausschaltet, es steckt darin ein schlecht zuschauerhaftes Verhältnis zur Wirklichkeit. Wie diese Dinge weitergehen und die Verantwortung
dafür, wie sie weitergehen, das ist in letzter Instanz an uns".

I.2 Problem 2: Kaum vermittelt. Umweltpolitik in der Kommunalpolitik

Umweltpolitik existiert leider kaum als Thema in kommunalen Hand-
lungsleitfäden. Stattdessen ist von finanzieller Sorge und Abwehr von
Zumutungen anderer politischer Ebenen die Rede. In den letzten zehn
Jahren dominierten andere Schwerpunktsetzungen und Begriffsver-
ständnisse die Ratgeberliteratur für Kommunalpolitikerinnen und
Kommunalverwaltungsmitarbeiterinnen.

Die Bertelsmann Stiftung meldete sich *zu Beginn des vergangenen Jahr-
zehnts* zwar sowohl mit einer Diagnose „Städte in Not" als auch mit
„Grundsätzen und Strategien für eine zeitgemäße Kommunalpolitik" zu

Wort. In ihren Diskursbeiträgen empfahl sie, sich „gemeinsam Richtung Nachhaltigkeit" aufzumachen, verwies dabei aber ausschließlich auf „Fehler im System der Gemeindefinanzierung" und mahnte vor allem die nachhaltige die Konsolidierung, Sicherung und Stärkung der kommunalen Finanzpolitik an (Bertelsmann Stiftung 2013, S. 326 und 320ff).

Kommunale Umweltpolitik existierte nicht als Zukunftspfad: Unter „Gestaltung des Lebensumfeldes" wurde ausschließlich die Gestaltung kommunaler Gesundheitspolitik verstanden. „Lebensqualität vor Ort nachhaltig zu sichern" bedeutete für die Bertelsmann Stiftung zu dieser Zeit, „Familie möglich zu machen" und „die Herausforderung" des „demografischen Wandels" anzugehen, weil ihres Erachtens das in „die Zukunft" wies (Bertelsmann Stiftung 2010, S. 43–50).

1 Landesspezifische Ratgeber, Handlungsempfehlungen und Lehrbücher

Das „Handbuch Kommunalpolitik" für Kommunalpolitikerinnen und Verwaltungsmitarbeiterinnen in *Baden-Württemberg* sah als Problem ebenfalls zunächst nur sinkende „Sachinvestitionen" und Investitionsmöglichkeiten und zum Teil nur sehr geringe „Kostendeckungsgrade" (auch in der kommunalen Abwasser- und Abfallbeseitigung sowie der Straßenreinigung). Es empfahl als Lösung aber vor allem ein „Konnexitätsprinzip" zwischen Kommunal-, Landes- und Bundespolitik, nach welchem der „bezahlen muss, der bestellt"; ein Prinzip, das auch Umweltschutz und Umweltpolitik kaum zutreffen kann, da die Verursacher – wissenschaftlich gesehen – entweder alle oder – diskursiv – immer andere sind, aber nicht die Politiker anderer politischer Selbstverwaltungsebenen im föderalen Staat (Frech & Weber 2009, darin Weiblen 2009, S. 168, 157 und 136–138).

Ein ähnliches an die *bayrischen* Kommunalpolitikerinnen und Verwaltungsmitarbeiterinnen adressiertes Buch kannte ebenfalls noch keine umweltbezogene kommunale Nachhaltigkeit. Ausschließlich einmal erwähnt wurde die „Flora-Fauna-Habitat-Richtlinie" und die „Vorgabe der Umweltverträglichkeitsprüfung bei bestimmten öffentlichen und privaten Projekten", durch die die „Gestaltungsmöglichkeiten der Landesparlamente in der Abweichungsgesetzgebung" (als „konkurrierende

Gesetzgebung") „durch bestehende europäische Regelungen erheblich eingeschränkt werden". Kritisch sahen die Autorinnen die damals aktuelle Bundesgesetzgebung für den Nichtraucherschutz, die mit der bayrischen Praxis und dem bayrischen Landesrecht konkurrierte (Laufer & Münch 2010, S. 128 und 130).

Selbst das damalige „*Berliner* kommunalpolitische Lexikon" sah „Daseinsvorsorge" zu dieser Zeit nicht als Vorsorge, sondern als kommunale Aufgabe zur „Bereitstellung der für ein sinnvolles menschliches Dasein notwendigen Güter und Leistungen", als „sogenannte Grundversorgung". „Vorausschauende" „Aussagen über die Tragfähigkeit der Infrastrukturen für die Zukunft" wurden ausschließlich aufgrund des demografischen Wandels getroffen, weil so der „künftige Bedarf bewertet, und damit nicht am langfristigen Bedarf vorbei gefördert oder gebaut wird". Erwähnung fand die „Umweltverträglichkeitsprüfung" (UVP) als selbstverständliches gesetzlich vorgesehenes Prüfverfahren, „mit dem die unmittelbaren und mittelbaren Auswirkungen von Vorhaben bestimmten Ausmaßes auf die Umwelt im Vorfeld der Entscheidung über die Zulässigkeit des Vorhabens festgestellt, beschrieben und bewertet werden" muss. All dem war Berlin aufgrund der Erklärung des Berliner Abgeordnetenhauses im Jahre 2006 verpflichtet, in der Berlin die an die Lokale Agenda 21 der UNO von 1992 angelehnte „,Agenda 21 Berlin' zur Leitidee der künftigen Berliner Landespolitik" erhob (Oel, Przesang & Thamm 2008, S. 57, 59, 181 und 128).

2 Ratgeber, Handlungsempfehlungen und Lehrbücher ohne Regionalbezug

Wissenschaftliche Ratgeber, Handlungsempfehlungen und Lehrbücher, die sich an alle Kommunalpolitikerinnen und Kommunalverwaltungsmitarbeiterinnen in Deutschland wandten, zeigten vor zehn Jahren ebenfalls, dass die kommunale „Umweltverträglichkeitsprüfung" dazu dient, zu prüfen, wie sich ein „geplantes Vorhaben auf die Umwelt auswirkt"; durch „Scoping (frühzeitige Einbeziehung und gegenseitige Abstimmung der Träger und Behörden öffentlicher Belange)", „Monitoring" und „Umweltbericht". Definiert wurde, dass die kommunale „Daseinsvorsorge" kompensierend dazu dient „die Grundbedürfnisse der Bevölkerung vor Ort" zu befriedigen, während Begriffe wie kommunaler Umweltschutz, kommunale

Umweltpolitik oder Gesundheitspolitik und nachhaltige Entwicklung fehlten (Günther & Beckmann 2008, S. 153 und 50).

3 Schwerpunkte und Begriffsverständnisse

Umweltpolitische Empfehlungen für Kommunalpolitikerinnen haben sich in den letzten zehn Jahren deutlich gewandelt: Zunächst waren die Diagnosen und Empfehlungen in Anlehnung an die kommunalpolitischen Diskussionen der 1990er und 2000er Jahre noch von der Sorge um die nicht-nachhaltigen Finanzausgleiche zwischen Kommunen, Ländern und Bund geprägt. Umwelt- und Zukunftsthemen waren allenfalls standortattraktivitätssteigernde Gesundheitspolitik und demografisch begründete Familienpolitik.

Ähnliche Töne fanden sich dementsprechend auch in den kommunalpolitischen Empfehlungen der Bundesländer: Das *Baden-Württembergsche* Handbuch problematisierte die nicht-kostendeckenden und erst recht nicht nachhaltigen Kostendeckungsgrade der kommunalen Abwasser- und Abfallbeseitigung und Straßenreinigung und empfahl Kommunalpolitikerinnen, dafür zu kämpfen, dass Länder, Bund und EU bezahlen, was sie „bestellen". Bayern erlaubte sich zu dieser Zeit (als Freistaat), Umweltschutz in Form der Schutzgebiete ausweisenden Flora-Fauna-Habitat-Richtlinie als Zumutung der EU und bspw. die gesundheitsbezogenen Nichtraucherschutzgesetzgebungen als Zumutung des Bundes zu geißeln.

Nur *Berlin* war schon weiter: Wenngleich Daseinsvorsorge auch noch als Grundversorgungsprinzip für Benachteiligte galt und die Tragfähigkeit von Entscheidungen vor allem im Blick auf demografische Veränderungen geprüft wurden, hatte die Umweltverträglichkeitsprüfung nun allerdings einen bedeutenden Platz und wurde sich insgesamt an der Agenda 21 orientiert.

Die Ratgeber, Lehrbücher und Nachschlagewerke ohne Regionalbezug empfahlen die Umweltverträglichkeitsprüfung, hielten aber die Daseinsvorsorge weiterhin für eine kompensative Ausgleichsanforderung und kein auch nachhaltigkeits- und umweltbezogenes Zukunftsprinzip.

Teil II: Untersuchung

II.1 Forschungsstand, Forschungsdesign und -ablauf sowie Untersuchungssample

1 Freiwilliges Engagement in Deutschland und Umweltengagement

Die Menschen in Deutschland engagieren sich freiwillig und unentgeltlich vor allem in den Engagementbereichen Sport und Bewegung (13,5 Prozent), Kultur und Musik (8,6 Prozent), Soziales (8,3 Prozent) sowie Schule und Kindergarten (8,2 Prozent) (Kausmann & Hagen 2022, S. 101). Diese Bereiche mit den höchsten Anteilen Engagierter an der Bevölkerung sind auch die Bereiche mit der größten nominalen und anteiligen Zunahme an Engagierten in den Jahren 1999 bis 2019, in denen der Freiwilligensurvey erhoben wurde (Kausmann & Hagen 2022, S. 95). Andere Engagementbereiche haben demgegenüber eher einen leichten Rückgang an Engagierten zu verzeichnen (ebenda, S. 122).

Darüber hinaus engagieren sich 4,1 Prozent der Deutschen freiwillig und unentgeltlich im Bereich Umwelt, Natur- oder Tierschutz (vgl. Kausmann & Hagen 2022, S. 101).

Das Engagement im Bereich Umwelt, Natur- und Tierschutz ist attraktiv (wie auch die gestiegene öffentliche Thematisierung insbesondere in Bezug auf Klimaschutz nahelegt): Der Anteil der Engagierten in diesem Bereich ist von 1,6 Prozent (1999) über 2,3 Prozent (2004 und 2009), 3,1 Prozent (2014) bis 4,1 Prozent (2019) stetig angewachsen (Kausmann & Hagen 2022, S. 112). Das ist der stärkste Zuwachs eines Engagementbereichs im Vergleich mit allen anderen Bereichen (Kausmann & Hagen 2022, S. 122).

Frauen und Männer sind fast zu gleichen Teilen in diesem Engagement-bereich aktiv. Gleiches gilt für die verschiedenen Altersgruppen, auch wenn der höchste Anteil sich mit leicht überdurchschnittlichen 5,0 Prozent unter den 50- bis 64-Jährigen findet, während er bei den anderen

Altersgruppen durchschnittlich rund 4 Prozent beträgt (Kausmann & Hagen 2022, S. 112)[2].

Der aktuelle Freiwilligensurvey zeigt, dass sich die Engagierten im Bereich Umwelt, Natur- oder Tierschutz bspw. wie folgt betätigten: als Naturschutzbeauftragter eines Landkreises, im Sportfischerverband als Kassierer bzw. bei der Gewässeraufsicht, in der Tiernothilfe durch die Organisation von Hilfe für ausgesetzte Tiere, im Tierheim durch Hunde ausführen und Zwinger reinigen und Hilfe bei Tagen der offenen Tür, in einer Naturschutzgruppe durch Vogelzählung bzw. Pflege von Bäumen, in einer Klimaschutzinitiative als Dozentin durch Vorträge halten, in der Jägerschaft durch Revierarbeit im Wald, im Naturschutzverein als Kassenprüfer bzw. durch Hecken- und Obstbaumpflege, im Umweltschutzverein (Greenpeace) durch Müll sammeln, im Angelverein als Gewässerwart, im Obst- und Gartenbauverein im Umweltrat oder im Vogelkundeverein als Schriftführer (vgl. Kausmann & Hagen 2022, S. 113).

Das Engagement erfolgt freiwillig und unentgeltlich, auch wenn dies zwischen den Engagementbereichen variiert. Der Anteil der freiwillig Engagierten, die Geldzahlungen für ihre freiwillige Tätigkeit erhalten, beträgt derzeit unter den Engagierten im Umwelt, Natur- oder Tierschutz 1,2 Prozent (Geldzahlung und Sachzuwendung), 3,1 Prozent (nur Geldzahlungen), 11,2 Prozent (nur Sachzuwendungen) (Kelle, Karnick & Gordo 2022, S. 255). Neben dem Bereich Schule und Kindergarten sind das anteilig die seltensten Geldzahlungen und/oder Sachzuwendungen, sehr viel verbreiteter sind Geldzahlungen und Sachzuwendungen in den Bereichen Justiz und Kriminalitätsprobleme, Unfall- oder Rettungsdienst oder freiwillige Feuerwehr sowie Politik und politische Interessenvertretung (Kelle, Karnick & Gordo 2022, S. 244).

Im Blick auf die in der vorliegenden Studie zentrale Frage der politischen Einstellungen bzw. des politischen Charakters des Engagements ist festzustellen: Die Hälfte der Bevölkerung in Deutschland beteiligt sich an bedeutsamen Formen der Einflussnahme auf politische Willensbildungs- und Entscheidungsprozesse (Arriagada & Tesch-Römer 2022, S. 263).

---

2   Über den Bildungsstand der Menschen, die sich in diesem Engagementbereich betätigen, macht der Freiwilligensurvey keine Aussagen (ebenda).

„Freiwilliges Engagement und politische Partizipation hängen eng miteinander zusammen. Freiwillig engagierte Menschen geben deutlich häufiger eine politische Partizipation an als nicht-engagierte Personen. In allen Partizipationsformen sind die Beteiligungsquoten der freiwillig Engagierten etwa doppelt so hoch wie bei den nicht freiwillig engagierten Menschen" (ebenda).

49,2 Prozent der repräsentativ Befragten des Freiwilligensurveys (und damit der Gesamtbevölkerung) haben sich im Jahr vor der Befragung (d.h. 2018) entweder an der Mitarbeit in einer politischen Organisation, einer Demonstration, einem Kontakt zur Politik, einer Unterschriftenaktionen und/oder einem Boykott von Produkten beteiligt. Zwischen diesen konkreten Formen politischer Partizipation gibt es deutliche Unterschiede in der Beteiligung: 6,8 Prozent der Befragten geben an, in einer politischer Organisation mitgearbeitet; 10,1 Prozent, an Demonstrationen teilgenommen; 15,0 Prozent, Kontakte zu Personen in der Politik aufgenommen; 23,5 Prozent, bestimmte Produkte boykottiert; und 33,0 Prozent, sich an Unterschriftenaktionen beteiligt zu haben (Arriagada & Tesch-Römer 2022, S. 263).

In der Beteiligung an der politischen Partizipation unterscheiden sich Frauen und Männer kaum (Frauen: 49,8 Prozent, Männer: 48,4 Prozent). Es gibt also kein eindeutiges Muster von Geschlechterunterschieden. Allerdings ist bei der Mitarbeit in einer politischen Organisation sowie beim Kontakt zur Politik die Beteiligung von Frauen geringer als die von Männern. Bei Unterschriftenaktionen und Produktboykotten sind Frauen dagegen anteilig häufiger vertreten als Männer (Arriagada & Tesch-Römer 2022, S. 263).

Obwohl sich die befragten Altersgruppen im Anteil des politischen Engagements unterscheiden (14- bis 64-Jährige 50,0 Prozent, 65-Jährige und älter 40,3 Prozent), gibt es bei genauerer Betrachtung auch dort in kein eindeutiges Muster an Altersunterschieden.

In den Bildungsunterschieden zeigt sich demgegenüber ein deutliches Muster: Denn in sämtlichen Formen der politischen Partizipation gibt es „klare, gleichgerichtete Bildungsunterschiede": von den Personen mit hoher Bildung beteiligen sich 64,9 Prozent an mindestens einer Form politischer Partizipation, von den Menschen mit mittlerer Bildung sind es

45,8 Prozent, und von den Menschen mit niedriger Bildung 32,0 Prozent (Arriagada & Tesch-Römer 2022, S. 264).

Allerdings sagen diese politischen Beteiligungen wenig über die politischen Einstellungen aus, die in der vorliegenden Engagiertenstudie – qualitativ – erhoben wurden, denen jedoch andere, quantitative Studien bereits auf die Spur gekommen sind...

2 Politische Einstellungen und Charakter des Engagements von Umweltengagierten

Im aktuellen Freiwilligensurvey wurde – neben dem bereits Ausgeführten – auch nach dem „Vertrauen" in die gesellschaftlichen Institutionen gefragt. Während politischen Parteien nur gering vertraut wird (36,4 Prozent), haben das Europäische Parlament (55,7 Prozent), die Bundesregierung (58,6 Prozent) sowie der Bundestag (59,6 Prozent) das Vertrauen von über der Hälfte der Befragten. Noch höher ist das Institutionenvertrauen in die Justiz (78,5 Prozent) sowie in die Polizei (90,1 Prozent) (Karnick, Simonson & Tesch-Römer 2022, S. 291).

Die Befragten befürworten zwar die gesellschaftliche Gewaltenteilung, präferieren aber die staatliche Exekutive und die Judikative gegenüber den demokratischen Gesetzgebungsorganen und noch mehr Willensbildungsakteuren sehr deutlich. Der Freiwilligensurvey zeigt außerdem, dass das Institutionenvertrauen bei den Engagierten, den Frauen, den Jüngeren und den höher Gebildeten höher ist als bei den Nicht-Engagierten, den Männern, den Älteren und den niedriger Gebildeten (ebenda).

Ein hoher Anteil der Befragten vertraut einer Polizei, die ihr Handeln sichert und einer Justiz, die ihre Unabhängigkeit wahrt, aber nur die Hälfte den demokratischen Institutionen, die Gesetze zu erlassen, und sogar nur ein Drittel den Akteuren, die die zu Gesetzen führenden Willensbildungsprozesse zu stemmen haben.

Die Zahl der Personen über 14 Jahre, die sich in Deutschland für den Natur- und Umweltschutz engagieren, ist nominal von 15,45 Millionen auf 17,17 Millionen im Jahr 2021 gestiegen, hat – neben dem Freiwilligensurvey – das IfD Institut für Demoskopie Allensbach in der sogenannten „Allensbacher Markt- und Werbeträgeranalyse AWA 2021" erhoben (Statista 2021). Zu diesen „aktiven Umweltschützerinnen" zählen Personen,

„die sich für Natur- und Umweltschutz einsetzen und am Umweltschutz besonders interessiert sind" (Statista 2021, S. 26).

2021 waren rund 56,4 Prozent dieser aktiven Umweltschützerinnen weiblichen Geschlechts (ebenda, S. 27). Überdurchschnittlich viele haben die allgemeine oder fachgebundene Hochschulreife (38,8 Prozent im Verhältnis zu 27,6 Prozent in der Gesamtbevölkerung). Auch verfügen mehr als in der Gesamtbevölkerung über ein abgeschlossenes Studium an einer Fachhochschule bzw. Universität (8,8 Prozent im Verhältnis zu 6,2 Prozent bzw. 18,7 Prozent im Verhältnis zu 12,6 Prozent) (Statista 2021, S. 3–7). Dementsprechend höher ist den besser Verdienenden unter den aktiven Umweltschützerinnen das Haushaltsnettoeinkommen (ebenda, S. 9).

Das Bundesministerium für Umwelt hat 2017 zunächst in einer qualitativen Research-Online-Community ausgewählte Jugendliche im Alter von 14 bis 22 Jahren und danach über 1.000 Jugendliche in der gleichen Altersphase repräsentativ quantitativ zu den Themen Nachhaltigkeit, Engagement und Politik befragt (BMU 2018). Untersuchungsgegenstand waren u.a. die Einstellungen der Jugendlichen zu Wirtschaftswachstum und sozialer Gerechtigkeit, sozialen Beziehungen und Individualisierung.

Eine aktuelle BMU-Studie 2019 hatte – allerdings unter den befragten Jugendlichen – drei Typen ermittelt, die sich unterschiedlich zum Umweltschutz positionieren: Die „Idealistischen", 35 Prozent der Befragten, wollen „nachhaltig leben und die Welt zu einem besseren Ort machen". „Pragmatische", 39 Prozent der Interviewpartnerinnen der BMU-Studie, haben den Wunsch „flexibel zu sein und Chancen wahrzunehmen", und 25 Prozent sogenannte „Distanzierte" das Interesse, „so gut es geht, das eigene zu Ding machen" (BMU 2019, S. 58–64).

Seit 1996 wird alle zwei Jahre vom Umweltbundesamt UBA im Auftrag des Bundesministeriums für Umwelt BMU repräsentativ befragt, wie die Menschen in Deutschland den Zustand der Umwelt einschätzen, wie sie sich verhalten und welchen aktuellen Themen sie umweltpolitisch setzen. Auch im Jahr 2020 wurde eine solche Studie durchgeführt, die zeigt, dass Umwelt- und Klimaschutz für 65 Prozent der Menschen in Deutschland einen sehr hohen Stellenwert hat bzw. sehr wichtig ist (UBA 2020). Am stärksten wird der Umwelt- und Klimaschutz für die Energiepolitik (70 Prozent), der Landwirtschaftspolitik (59 Prozent), der Städtebaupolitik bzw. Stadt und Regionalplanung (57 Prozent) sowie der Verkehrspolitik

(51 Prozent) eingefordert (UBA 2020). 21 Prozent der Befragten finden, dass die Bürgerinnen selbst genug für den Umwelt- und Klimaschutz tun, 31 Prozent sagen das in Bezug auf Städte- und Gemeinden, 16 Prozent in Bezug Industrie und Wirtschaft und 26 Prozent in Bezug auf die Bundesregierung (ebenda).

In der Studie von Stieß et al im Auftrag des Bundesumweltamtes in den Jahren 2020 und 2021 wurden über 2.000 Personen im Alter von über 14 Jahren repräsentativ zu ihrem „Umweltbewusstsein" befragt. Außerdem fanden als qualitative Vorstudie Fokusgruppendiskussionen statt. In dieser Studie wurden, ausgehend von einer nicht-umweltengagierten und hineinreichend in eine umweltengagierte Bevölkerung, sechs Umweltbewusstseinstypen herausgearbeitet: Die „Ablehnenden", die „Skeptischen", die „Unentschlossenen", die „Aufgeschlossenen", die „Orientierten" und die „Konsequenten" (Stieß et al 2022, S. 89ff).

In der aktuellen Studie „Bürgerschaftliches Engagement für eine sozialökologische Erneuerung" des Umweltbundesamtes wurden im Jahr 2020 Expertinnen-Interviews mit Verantwortlichen aus zivilgesellschaftlichen Initiativen und Organisationen verschiedener Engagementbereiche geführt. Ziel war es zu erforschen, welche sozial-ökologischen Werte und Ziele existieren und wie das bürgerschaftliche Engagement in diesem Engagementbereich in der Gesellschaft verbreitert werden kann (Peuker et al 2020, S. 4)[3].

Zivilgesellschaftliches Engagement im Bereich Umwelt und Klimawandel ist – allerdings sekundäranalytisch betrachtet – aktuell auch Thema der Bundeszentrale für politische Bildung (Alscher et al 2021). Die Bundeszentrale hat sich u.a. mit dem Engagement, der Engagemententwicklung und den Sorgen der Menschen über den Schutz der Umwelt und die Folgen des Klimawandels befasst (ebenda).

Und nicht zuletzt sei erinnert: Für die nun schon etwas ältere Studie „Informationsverhalten im Umweltschutz und Bereitschaft zu bürgerschaftlichem Engagement" der Philipps-Universität Marburg wurden im Jahr

---

3   Diese Studie knüpft an die 2016er und 2018er Studien zu „Umweltbewusstsein und Umweltengagement" des Umweltbundesamtes und Bundesministeriums für Umwelt an.

2006 Antworten von 2.034 repräsentativ befragten Personen ausgewertet (Kuckartz et al 2008). Schon in dieser Studie zeigte sich (im Erhebungs-jahr 2006 gegenüber dem Jahr 2004) eine „Zunahme der Mitgliedschaft in Umwelt- oder Naturschutzverbänden, Spendenzahlungen, Teilnahme an einzelnen Aktivitäten, inhaltliche oder praktische Arbeit in befristeten Projekten sowie die kontinuierliche ehrenamtliche Mitarbeit" (Kuckartz et al 2008, S. 11). Rund 6 Prozent der Befragten engagierten sich bereits, und rund 45 Prozent konnten sich ein solches Engagement vorstellen (wogegen etwa 49 Prozent der Befragten sich so etwas „nicht vorstellen" konnten) (ebenda, S. 12). Insgesamt wiesen die interviewten Umweltengagierten mit 48,6 Prozent höhere „Pro-Umwelteinstellungen" als der allgemeine Bevöl-kerungsdurchschnitt mit 45,2 Prozent auf (Kuckartz et al 2008, S. 14). Unterschieden werden in der Studie von Kuckartz et al in Bezug auf ein Umweltengagement und die Ansprache für ein kommendes Engagement „Idealisten, Wertepluralisten, Hedo-Materialisten, Pflichtbewusste und Wertedistanzierte" sowie verschiedene gestaltungsorientierte Motive, die unterschiedliche Ansätze der Information bzw. Ansprache erfordern (ebenda).

3 Forschungsdesign, -ablauf und untersuchte Personengruppe

1 Untersuchungsziele

Ziel der Studie war es herauszuarbeiten, wie Umweltengagierte bzw. Umweltschützerinnen zu staatlichem Handeln stehen.

Die Studie hat einen explorativen Charakter. Sie ist aufgrund ihrer methodologischen Fokussierung (leitfadenbasierte Interviews) und ihrer Interviewpartnerinnenauswahl (Umweltengagierte bzw. Umweltschüt-zerinnen in Ostdeutschland) nicht repräsentativ. Vergleiche mit anderen quantitativen Studien und qualitativen Studien (siehe Kapitel II.1) sind aufgrund der spezifischen Erhebungsmethodik nur teilweise möglich (siehe Kapitel II.4). Die erhobenen Einstellungen lassen sich nicht direkt mit denen von Westdeutschen bzw. anderer oder Weniger- bzw. Nicht-Engagierten vergleichen.

Den Forschern und insbesondere den Interviewerinnen war bewusst, dass sie trotz ihrer themenzentrierten dialogischen Vorgehensweise in den Interviews mit Reizworten arbeiteten, also Fragen stellten, die zum Teil als politisiert, zum Teil als nicht-neutral, zum Teil als Provokation, zum Teil als Unterstellung wahrgenommen wurden. Sie versuchten dem durch eine offene, nicht-wertende Haltung gegenüber den Themen, vor allem aber gegenüber den Antworten und noch mehr gegenüber den antwortenden Personen zu begegnen.

Sie waren sich bewusst, dass sie „mit Begriffen Zuweisungen vornehmen und mit den Fragen Antworten provozieren, vielleicht sogar Ideologien wiedererwecken, verstärken oder gar erst erzeugen", wie es Küpper, Krause und Zick (2019) für andere Einstellungsforschungen verdeutlichen (Küpper, Krause & Zick 2019, S. 145). „Aus dem Dilemma, Themen anzusprechen", wenn sie erforscht werden sollen, kamen sie „nicht heraus", sondern mussten damit aktiv umgehen (ebenda).

2 Erhebungsmethodik

Zwanzig ausgewählten engagierten Ostdeutschen wurden in leitfadenbasierten Interviews folgende Fragen gestellt:

1 OPENER: Was ist für Dich umweltschädigendes Verhalten; was sind für Dich umweltschädigende gesellschaftliche Strukturen?
2 Welche Umweltfrevel hast Du selbst erlebt?
3 Erzähl mal zwei drei Beispiele spontaner Umweltcourage von Dir.
4 Welche Arten von Zwang brauchen wir zur Rettung unserer Umwelt?
5 Wie müssen wir unsere Gesellschaft zur Rettung der Umwelt strukturieren?
6 Gegen wen müsste sich die Regierung wie durchsetzen?
7 Wieviel Zeit haben Gesellschaften, sich umzustellen?
8 Für wie effektiv hältst Du staatliche Belohnungen, für wie effektiv staatliche Bestrafungen in Sachen Umwelt?
9 ABSCHLUSS: Wie lassen sich weitere Mitwirkende für den Umweltschutz gewinnen?
10 Zusatzfragen: Wie bist Du persönlich zum Umweltengagement gekommen? Beschreib außerdem noch kurz die Initiative, in der Du Dich gerade engagierst!

Die Interviews waren primär als Frage- und Antwort-Wechsel angelegt, ließen aber die Möglichkeit zu eroepischen Gesprächssequenzen zu[4]. Die Interviewerinnen kündigten die Studie als eine Befragung zum Thema „Die Gesellschaft nachhaltig gestalten" an. Sie stellten die o.g. Fragen und untersetzten diese im Gesprächsverlauf je nach Bedarf mit Konkretisierungsfragen bzw. gingen dialogisch auf Rückfragen ein.

Ob die Interviewpartnerinnen die Fragen einfach nur nach bestem Wissen und Gewissen beantworteten oder das Interview eher als ein eroepisches Gespräch gestalteten, ob sie in den Fragen Probleme sahen (und dementsprechend problemaufnehmende und problemlösende Antworten gaben) oder nicht, ob sie eher ihre eigenen Einstellungen oder aber von den Einstellungen anderer bzw. medial Vermitteltem berichteten, hatten sie selbst in der Hand.

Die Interviews fanden aufgrund der Pandemie während der Erhebungszeit weitgehend online statt. Nur wenige konnten via a vis an den Orten des Engagements bzw. auf dem Gelände der Hochschule durchgeführt werden. Alle Interviews wurden digital aufgezeichnet. Die Interviewpartnerinnen gaben ihre schriftliche Zustimmung zur Datenverarbeitung nach DSGVO, zur Vollanonymisierung und zur ausschließlichen wissenschaftlichen Auswertung und Ergebnisverwertung.

Die Interviews dauerten – je nach Ausführlichkeit der Befragten – zwischen 60 und 120 Minuten.

---

4   Grundlegend für das – aus der Kultur- bzw. Sozialanthropologie stammende – eroepische Forschungsgespräch ist, dass sich sowohl der/die Befragte als auch der/die ForscherIn öffnen und ins Gespräch einbringen. Dadurch, dass der/die ForscherIn auch von sich erzählt (z.B. über die Arbeitsweise, das Forschungsinteresse oder von eigenen Erlebnissen das Thema betreffend) wird einerseits eine lockere, vertraute und persönliche Gesprächsebene geschaffen und gleichzeitig der/die GesprächspartnerIn angeregt, von sich selbst zu erzählen. Der Begriff eroepisches Gespräch wurde von Girtler (2001) geprägt. Er setzt sich aus den zwei altgriechischen Wörtern Erotema (Frage) bzw. erotemai (fragen, befragen, nachforschen) und Epos (Erzählung, Nachricht, Kunde, aber auch Götterspruch) zusammen. Siehe hierzu: Girtler, Roland (2001): Methoden der Feldforschung. Wien: Böhlau Verlag. Sowie die Websites https://www.univie.ac.at/ksa/elearn ing/cp/qualitative/qualitative-42.html und http://www.qualitative-forschung.de/ fqs-supplement/members/Girtler/girtler-10Geb-d.html; Zuletzt eingesehen am 01.03.2022.

3 Interviewpartnerauswahl

Die Auswahl der Interviewpartnerinnen und -partner erfolgte nach dem Prinzip größtmöglicher Ähnlichkeit (Umweltengagierte bzw. Umweltschützerinnen) und Unterschiedlichkeit (Umweltengagementbereich, Geschlecht, Alter, Bildungsstand) (most similar, most different). Wie die im nächsten Absatz dargestellte orientierte sich auch die Auswahl an der Methodologie der Grounded Theory (Glaser & Strauss 2010, Strauss & Corbin 1996, Strauss 1994).

Alle Befragten wurden direkt angeschrieben und um ein Interview gegeben.

Nach fragenprüfenden Vorinterviews (siehe einer Erstanalyse der ersten sechs Interviews und einer ersten – ebenfalls nach dem Prinzip von Ähnlichkeit und Unterschiedlichkeit erfolgenden – offenen Kodierung und ersten Systematisierungen der Einschätzungen der Befragten zur Lage der Umwelt und den Einstellungen der Befragten zu staatlichem Handeln wurden gezielt weitere Interviewpartnerinnen und -partner gesucht, von denen andere, noch nicht gefundene oder aber ähnliche, vertiefende Aussagen erwartet wurden, während sich erste Kategorien zeigten und bereits erste „Schlüssel- und Kernkategorien" andeuteten (Strauss 1994, S. 65 und S. 70–71: im Sinne des sogenannten Theoretischen Samplings der Grounded Theory)[5].

Nach einer komparativen Kodierung der dann vierzehn Interviews (in die selbstverständlich auch die ersten sechs wieder einbezogen waren) wurde noch einmal nach neuen Interviewpartnerinnen und -partnern gesucht (ebenfalls im Sinne des Theoretischen Samplings, „bei dem sich der Forscher (stets) auf einer *analytischen* Basis entscheidet, welche Daten als Nächstes zu erheben sind" (Strauss 1994, S. 70), weil er oder

---

5   „Theoretisches Sampling meint den auf die Generierung von Theorie zielenden Prozess der Datenerhebung, währenddessen der Forscher seine Daten parallel erhebt, kodiert und analysiert" (Glaser & Strauss 2010/1967, S. 53). Die Methodologie der Grounded Theory legt großen Wert darauf, „dass alle drei Operationen (Erhebung, Kodierung und Analyse) weitestgehend parallel ausgeführt werden" (Glaser & Strauss 2010/1967, S. 52).

sie den „Prozess der Datenerhebung durch die sich entwickelnde Theorie *kontrolliert*")[6].

In der gegen Ende der Untersuchung erfolgenden fokussierenden Analyse aller zwanzig Interviews wurde noch einmal kritisch überprüft, welche möglichst unterschiedliche Menschen bezüglich der Auswahlkriterien Umweltengagement, Geschlecht, Alter und Bildungsstand im Sample vorhanden sind (siehe Abschnitt „Untersuchte Personengruppe).

4 Auswertungsstrategien

Die zentralen Interviews der Studie wurden direkt nach der Erhebung voll transkribiert. Die Auswertung erfolgte in Form einer offenen Kodierung, einer komparativen und einer fokussierenden Kodierung (Glaser & Strauss 2010/1967, S.111–119; Strauss & Corbin 1996, S. 43–117; Strauss 1994, S. 94–115).

Bei der offenen Kodierung wurde – neben der o.g. Auswahlüberprüfung – anhand der vier Leitfragen und der Nachfragen der Interviewerinnen und Interviewer zunächst Episoden identifiziert. Von den Befragten besonders betonte sowie aus Sicht der Auswertenden (Kodiererinnen und Kodierer) analytisch bedeutsame Abschnitte und Wörter wurden hervorgehoben (Glaser & Strauss 2010/1967, S. 111–114; Strauss & Corbin 1996, S. 43–74; Strauss 1994, S. 94–01).

Die komparative Kodierung (in der Methodologie der Grounded Theory auch axiale Kodierung genannt) diente – neben einer weiteren Auswahlprüfung – der vergleichenden Analytik. Es galt, in den vorhandenen und hinzugekommenen Interviews weitere Episoden und betonte sowie

---

6   Noch einmal anders ausgedrückt: „Theoretisches Sampling meint „Auswahl einer Datenquelle, Fall, Stichprobe, Ereignis etc. auf der Basis von Konzepten, die eine (bestätigte theoretische) Relevanz für die sich entwickelnde Theorie besitzen" und „kein Sampling im gebräuchlichen statistischen Sinn (eines repräsentativen Samplings)" (Strauss & Corbin 1996, S. 148). Es ist verknüpft mit der Auswertung. Dementsprechend korrespondieren offenes Sampling mit dem offenen Kodieren, das Sampling von Beziehungen und Variationen mit dem axialen Kodieren und das gegen Ende der Auswertungsarbeit erfolgende be- und abgrenzende Sampling mit dem selektiven Kodieren (Strauss & Corbin 1996, S. 148).

bedeutsame Abschnitte und Wörter zu erkennen und diese darüber hinaus systematisch mit den Episoden, Abschnitten und Markierungen anderer Interviews in Beziehung zu setzen (Glaser & Strauss 2010/1967, S. 114–116; Strauss & Corbin 1996, S. 75–93; Strauss 1994, S. 101–106). Die gleichermaßen interpretativ und ergebniskommunikativ motivierte Festlegung von Kernkategorien erfolgte in der fokussierenden Analyse, in der zwar auch weiterhin vergleichend vorgegangen und nach Ähnlichkeiten und Unterschieden im Material gesucht wird, aber die Suche nach dem „roten Faden" (Strauss & Corbin 1996, S. 94–100) im Mittelpunkt der Analysearbeit steht. Nach der Einzelinterviewanalyse und der vergleichenden und in Beziehung setzenden Analyse ging es in diesem dritten Schritt darum, selektiv zu kodieren, um wirklich datenbasierte und zugleich aussagekräftige (pointierte) Ergebnisse zu generieren (Glaser & Strauss 2010/1967, S. 116–119; Strauss & Corbin 1996, S. 94–117; Strauss 1994, S. 106–115).

5 Untersuchte Personengruppe

In der Studie wurden insgesamt 20 Personen gefragt, die sich in Ostdeutschland im Umwelt-, Natur-, Tier- und Klimaschutz engagieren.

Ein Befragter – einunddreißig Jahre alt – arbeitet als angestellter Landesreferent bei einer deutschlandweit agierenden Umweltorganisation und leitet ehrenamtlich auch eine lokale Jugendgruppe dieser Umweltorganisation. Neben seiner Haupttätigkeit als Bildungsreferent zu verschiedenen ökologischen Themen hält er u.a. Verkehrspolitik für wichtig.

Eine Befragte – neununddreißig Jahre alt – arbeitet hauptberuflich als Erwachsenenbildnerin. Zwischenzeitlich auch einmal wissenschaftliche Mitarbeiterin mit einem umweltpolitischen Forschungsthema, ist sie in einer selbstständigen Nebentätigkeit in der Wiederverwertung von Bekleidung aktiv. Ihr Umweltengagement ist – wirkungsbezogen und motivational – ein kreatives und selbstverwirklichendes Engagement, mit dem sie auch hin und wieder etwas Geld verdienen kann.

Ein Befragter ist ein rund siebzig Jahre alter Rentner. Früher Lehrer, leitet er derzeit ehrenamtlich eine selbstorganisierte Seniorengruppe, in der technische Geräte recycelt werden. Sein Umweltengagement besteht in der Unterstützung und technischen Hilfe zur Selbsthilfe.

Ein Befragter arbeitet als Wissenschaftler an einer Universität am anderen Ende Deutschlands. Ende dreißig, hat er einen Verein zur Förderung der Insektenvielfalt aufgebaut, der mit seinen Mitgliedern alte Ackerflächen und Brachen in blühende Landschaften umzugestalten versucht. Durch diesen Einsatz werden das Nahrungsangebot und die Habitate von Wildbienen, Schmetterlingen und vielen anderen Insekten verbessert. Unterschiedliche Workshops zur Thematik gehören ebenfalls zum Repertoire des Vereins.

Eine Befragte, Mitte zwanzig, engagiert sich in einer Lebensmittelkooperative. Diese Einkaufsgenossenschaft möchte ein nachhaltiges Konsumverhalten verwirklichen und fördern. In ihrem Laden können ökologische angebaute Lebensmittel und Non-Food-Artikel erworben werden.

Ein fünfunddreißigjähriger Befragter „vernetzt" als Geschäftsführer einer internationalen NGO regenerative Landwirte in Europa, und „stimuliert den Wissensaustausch zwischen ihnen", u.a. durch Aufbau des Weiterbildungsangebotes, der Akademie der NGO. Das ist neben dem Vernetzungsaspekt auch notwendig, weil es kaum Wissen über die regenerative Landwirtschaft gibt bzw. dieses Wissen an Universitäten bisher kaum vermittelt wird.

Ein Befragter (dreißig Jahre alt) arbeitet nach seinem Studium und langjährigem Engagement in einer Umwelt-NGO als Assistenz der künstlerischen Leitung und Veranstaltungsleiter eines Wohn-, Einkaufs-, Kunst- und Kulturzentrums in einer größeren Stadt. Er „hofft, dass er dort seine Nachhaltigkeitsideen in die Umsetzung und Durchführung von Veranstaltungen einbringen kann." Zunächst aber muss er „sich da natürlich erstmal hin kämpfen, dass das nach seinen Werten" möglich ist.

Eine Befragte, Ende zwanzig, erstellt als Klimamanagerin einer öffentlichen Einrichtung ein Klimaschutzkonzept. Dazu gehört zunächst eine Ist-Stands-Analyse, aus der dann Maßnahmen zur Erreichung der Klimaziele dieser Organisation abgeleitet, die sie, wie bspw. die Umstellung der Stromversorgung auf umweltförderlichen Strom, auch teilweise selbst realisiert. Neben Öffentlichkeitsarbeit zu diesem Thema ist sie auch mit der Vernetzung der umweltbezogenen Arbeitsgemeinschaften und Arbeitsbereiche der Einrichtung betraut.

Ein Befragter arbeitet als Erwachsenenbildner in der Bildung für nachhaltige Entwicklung. Dazu ist er, rund fünfzig Jahre alt, bei einem

Landesverband für allgemeine Erwachsenenbildung angestellt, die eine
innerstädtische Streuobstwiese mit ökologisch bewirtschafteten und
naturüberlassenen Flächen sowie Bienenhaltung betreibt. Neben Kinder-
gartengruppen und Schulklassen wird die Wiese auch von Bürgerinnen des
Umfeldes zum Erholen, Erfahrungen sammeln und ehrenamtlich Mitarbei-
ten aufgesucht.

Eine Befragte arbeitet im Umweltamt eines Landkreises. Dort wird
von ihr, fast sechzig Jahre alt, am Landschaftsplan, Klimawandel-
Anpassungskonzept, Masterplan Klimaschutz sowie an Hochwasser-
schutzmaßnahmen mitgearbeitet. Daneben realisiert sie „auch normales
Tagesgeschäft wie Baumfäll- und Abfallablagerungs- sowie wasserrechtli-
che Genehmigungen". Ihre Schwerpunkte sind die Öffentlichkeitsarbeit in
Sachen Klimaschutz, insbesondere die Internetseitenbetreuung des Amtes,
sowie Naturschutzveranstaltungen.

Ein Befragter, Mitte zwanzig, ist Journalist und arbeitet in der örtlichen Niederlassung eines großen deutschen Verbandes zur Förderung des
Fahrradfahrens. Dieser Verband hat „zum einen eine radtouristische, zum
anderen eine radpolitische Ausrichtung". In seiner Vorstandstätigkeit und
in der von ihm verantworteten Öffentlichkeitsarbeit liegt der Schwerpunkt
stärker auf der politischen Dimension. Daneben ist er in der Mitgliederge-
winnung aktiv, für die kulturelle Angebote wie Stammtische durchgeführt
werden.

Ein Befragter (rund fünfzigjährig) ist wissenschaftlicher Mitarbeiter in einer universitätsnahen Forschungseinrichtung, die allerdings keinen Schwerpunkt auf Nachhaltigkeit oder ähnliches legt. Er selbst bietet
jedoch eine Lehrveranstaltung in den Wirtschaftsingenieurwissenschaften
an, in der er „einen Spagat zwischen Ökonomie und Ökologie" versucht,
um Studierende an alternative „Bewertungen heranzuführen" und die derzeitige „einseitige Sichtweise" der Wirtschaftswissenschaften ein wenig
„aufzulösen".

Eine Befragte, Mitte dreißig, hat einen Laden für unverpackte Lebensmittel aufgebaut. Nach zwei Jahren Planungs- und Vorbereitungszeit (mit
Gründungs-Aus- und Weiterbildung, also „viel Input"; sowie Besuchen
von ähnlichen Läden an anderen Orten in Deutschland) ist der Laden
nun einerseits ein „klassischer Unverpackt-Laden" mit seiner Plastik
und Einwegvermeidung, hat andererseits aber auch „den Charme eines

Tante-Emma-Ladens", ein „Ort zum Wohlfühlen, ein Ort, an dem man sich (in einer Kaffee-Ecke) auch einfach treffen kann".

Ein Befragter, ungefähr dreißig Jahre alt, ist treibende Kraft einer großstadtbezogenen Baumpflanzinitiative. Die Initiative hat „drei Säulen" Aktivitäten: Sie wirbt Spenden ein, beschafft Flächen für die Baumpflanzung und führt Veranstaltungen für Menschen, „die aktiv mit anpacken" durch. Die meiste Arbeit besteht im „Organisieren und Planen", der „Programmierung von Webseiten, dem Schreiben von Texten und der Buchhaltung".

Diese Befragten werden im Folgenden anonymisiert mit den frei erfundenen Namen Herr Anton, Frau Berta, Herr Clemens, Herr Daniel, Frau Emilia, Herr Friedrich, Herr Gerd, Frau Herta, Herr Ingo, Frau Jana, Herr Karl, Herr Ludwig, Frau Mara und Herr Norbert zitiert.

In zwei – im Folgenden nicht zitierten – Expertinneninterviews zu Beginn der Untersuchung, die u.a. der Diskussion, Prüfung und Formulierung der Forschungsfragen dienten, wurden eine Gartenbauberaterin sowie eine Engagierte für mehr Umweltförderung einer Landeseinrichtung interviewt.

In weiteren vier – ebenfalls nicht zitierten – Expertinneninterviews, die zur Arbeitshypothesenbildung zu Beginn der Auswertungsphase beitrugen, wurden ein Landesgeschäftsführer eines Erwachsenenbildungsverbandes, der Projekte der Bildung für nachhaltige Entwicklung realisiert, eine Professorin, die das Forschungs- und Lehrgebiet Ökologie vertritt, ein lange Jahre in einem Orts- und Landesverband von Bündnis90/Die Grünen Aktiver sowie eine seit Jahrzehnten in der internationalen Entwicklungszusammenarbeit Engagierte befragt.

Zu den Befragten gehören, neben diesen sechs Expertinnen, also ein Verbandsreferent, eine Kleiderrecyclerin, ein ehrenamtlicher Elektrogeräteinstandsetzer, ein Blühwiesenanleger, eine Einkaufsgenossenschafterin, ein Landwirtberater, ein Kulturmacher, eine betriebliche Umweltbeauftragte, ein Erwachsenenbildner, eine Umweltamtlerin, eine Radverkehrsförderer, ein Universitätsdozent, eine Ladeninhaberin sowie ein Baumpflanzer.

Die in der vorliegenden Untersuchung befragten Umweltengagierten sind in den Handlungsfeldern aktiv, die üblicherweise in wissenschaftlichen Untersuchungen – wie im Freiwilligensurvey (Simonson, Kelle, Kausmann & Tesch-Römer 2022) – zum Umweltengagement gezählt werden (vgl. hierzu auch Peuker et al 2020). Sie arbeiten zum Teil als Hauptamtliche und zum Teil als Ehrenamtliche in Verbänden, Trägerorganisationen, aber auch in Projekten in Vereinen, kleineren Vereinen und Initiativen aus selbstständig agierenden Ehrenamtlichen, Honorarkräften oder InhaberInnen (zu dieser Unterscheidung Peuker et al 2020, S. 34)[7].

Damit sind sie „in einer Vielzahl von Engagementbereichen auch jenseits des klassischen Umweltengagements" aktiv und leisten „vielfältige Beiträge für die sozial-ökologisch Erneuerung". Bei ihnen sind sowohl Einstellungen und Einschätzungen als auch „Motiv- und Zielallianzen, die über zusätzliche Engagement-Angebote und über die Neuausrichtung organisationaler Praktiken gebildet werden" wirksam (Peuker et al 2020, S. 4), die in der Engagiertenstudie erhoben, analysiert und kategorisiert wurden und im den folgenden Kapiteln ausführlich dargestellt sind.

---

7 Folgendermaßen lassen sich die organisatorischen Zuordnungen der Befragten unterscheiden. „Verbände: In diese Kategorie fallen meist bundesweit agierende Verbände und Vereine mit Untergliederungen in Landes- und Kreisverbände sowie Ortsgruppen. Ebenso haben die verbandlich organisierten Vereine ... eine Mitgliederverwaltung. Interorganisationale Netzwerke spielen weniger eine Rolle. Trägerorganisationen: Projektträger betreuen verschiedene Einzelprojekte in teilweise unterschiedlichen Einsatzfeldern. Von der Rechtsform können als Projektträger Verbände, Netzwerke, Stiftungen fungieren. Bürgerschaftlich Engagierte sind nur auf der Projektebene und nicht beim Träger eingebunden. Die Ausbildung interorganisationaler Netzwerke ist schon deswegen gegeben, da die Betreuung von Projekten meist über Organisationsgrenzen hinweg erfolgt. Projekte von Vereinen: Hierbei handelt es sich um Projekte beziehungsweise Initiativen, die innerhalb von Vereinen durchgeführt werden, aber den Charakter einer Eigeninitiative bürgerschaftlich Engagierter oder hauptamtlich Beschäftigter besitzen. Die Kooperation mit anderen Organisationen und damit die Ausbildung interorganisationaler Netzwerke erfolgt nur punktuell und ist nachrangig. In den Projekten gibt es unterschiedliche Rollen, die bürgerschaftlich Engagierte einnehmen können. Dabei gibt es unterschiedliche Stärken der Beteiligung. Kleinere Vereine: Kleinere Vereine sind eher lokal verankert und besitzen nicht die starke Untergliederung größerer Verbände. Für die Organisation bürgerschaftlichen Engagements werden meist interorganisationale Netzwerke gebildet. Es gibt unterschiedliche Grade der Beteiligung von bürgerschaftlich Engagierten, eine Vereinsmitgliedschaft ist meist nicht von Bedeutung. Initiativen: Initiativen sind nicht formalisierte, lokal verankerte Gruppen ohne feste Mitgliederstrukturen. Sie bilden kaum interorganisationale Netzwerke aus" (Peuker et al 2020, S. 34).

II.2 Ergebnisse 1: Problemanzeigen

1 Überall umweltschädigendes Verhalten, umweltschädigende Strukturen und Umweltfrevel

1.1 *Umweltschädigendes Verhalten*

Opener der Interviews war jeweils die Frage, was für die Befragten umweltschädigendes Verhalten und was für sie umweltschädigende Strukturen sind? Zunächst gingen die Interviewpartnerinnen auf die Teilfrage zu den umweltschädigenden Verhaltensweisen ein.

Umweltschädigendes Verhalten ist zunächst eine individuelle personale Aktivität. Zu den umweltschädigenden Verhaltensweisen gehören die Vermüllung der Umwelt, und die Autonutzung. Herr Ingo sieht alles, was die Natur sowie „alles, was der Mensch geschaffen hat und uns umgibt", bspw. in der Stadt", als Umwelt an. Deshalb ist für ihn auch Umweltschädigung eine „ziemlich weit gefasste" Sache. Sie reicht von „Sprayerei" über „biologische Sachen wie Hundehaufen auf dem Fußgängerweg bis zu Themen wie Müll rausschmeißen". Regelmäßig erlebt er auf Feldwegen „Riesenhaufen Müllberge", wo „die Leute schlichtweg ihren Hausmüll entsorgen" – für ihn ein „klassisches umweltzerstörendes Verhalten". „Ressourcenverschwendung", Vermüllung der Umwelt und Individualverkehr auf der Basis von Autos gehören für Herrn Clemens zu den umweltschädlichen Verhaltensweisen.

Umweltschädigendes Verhalten ist es, der Umwelt keinen Raum einzuräumen, sind umweltbezogene Rücksichtslosigkeit und Ressourcenverschleiß. Für Herrn Daniel bezieht sich umweltschädigendes Verhalten „weniger auf Menschen", die „auch" zur Umwelt gehören. „Pflanzen oder Tiere vergiften, drauftreten, kaputtmachen" ist umweltschädigend, aber auch „Öl auslaufen zu lassen" sowie auch schon „überhaupt das Öl" aus der Erde „herauszuholen". Umweltschädlich ist es, „der Umwelt keinen Platz zu lassen". Für Frau Berta ist umweltschädliches Verhalten ein „Verhalten ohne Ressourcenberücksichtigung" sowie ein „Verhalten zum Ressourcennachteil".

Umweltschädigendes Verhalten geschieht vorsätzlich und fahrlässig, und aus Rücksichts- und Achtlosigkeit. Für Herrn Ludwig gehören zu umweltschädigendem Verhalten „immer Vorsatz und Fahrlässigkeit".

Während Vorsatz „nicht zu diskutieren" ist, ist Fahrlässigkeit seines Erachtens mit „Bildungsproblemen" verknüpft. Zu umweltschädigendem Verhalten gehört das Nichtbeachten von Mülltrennung „im Kleinen" und „ganz große Sachen" wie Ölfässer in der Nordsee zu verklappen.

„Keine Rücksicht auf seine Umwelt zu nehmen", „und nicht darauf zu achten, dass man den anderen", ob „Menschen, Tiere oder Natur" „nicht schadet", ist für Frau Mara umweltschädigendes Verhalten. Umweltschädigend ist natürlich für sie auch, Müll zu produzieren und „Dinge kaputt zu machen". Umweltschädigend ist, nicht darauf zu achten, „was ich esse, konsumiere und einkaufe, wo das herkommt, warum das so billig ist, wieviel Transportweg das zurückgelegt hat, wieviel Müll dabei am Ende übrig bleibt, wieviel ich davon wegschmeiße". Lebensmittel sind für sie häufig „zu super schlechten Bedingungen produziert", „schön billig" und deshalb „nichts wert und können getrost weggeschmissen werden". Das ist für sie „der Inbegriff von umweltschädigendem Verhalten".

Umweltschädigendes Verhalten ist ein globales gesellschaftliches Problem. Umweltschädliches Verhalten besteht für Herrn Anton darin, wenn Menschen dafür sorgen, dass der „Planet" nicht mehr als „Lebensraum" genutzt werden kann, sei es durch Erzeugung von Müll, sei es durch den Ausstoß von CO_2, FCKW und Öl in die Umwelt. Für umweltschädlich hält er außerdem „umweltunbewusstes" Verhalten.

Umweltschädigendes Verhalten ist wirtschaftlich begründet. Die Wirtschaft ist nicht umweltförderlich strukturiert. Das „gesamte Wirtschaftssystem" ist, „wie es gerade aufgesetzt ist, profitorientiert", so Herr Friedrich. Umweltschädigendes Verhalten ist „nicht mit eingepreist" beim „Fischfang", in der „Landwirtschaft", im „Reiseverkehrt" und „Elektrogeräten" „et cetera". „Das Problem zieht sich komplett durch die Gesellschaft".

Für umweltschädigendes Verhalten sind große Konzerne verantwortlich. Frau Emilia hält „das krass-kapitalistische Verhalten", „immer mehr zu verkaufen und immer höhere Gewinne zu machen, ohne dabei auf die Umwelt zu gucken und Ressourcen zu schonen" für umweltschädigend. Stärker als „Konsumenten", die natürlich „auch verantwortlich" sind, haben „Unternehmen" „einen großen Anteil daran", sowie der individuelle „Fleischkonsum", „ die Verschmutzung der Umwelt durch Müll". „Im großen Stil" sind aber „Industrien oder große Vereinigungen und

Organisationen" dafür verantwortlich (wie z.B. den CO2-Ausstoss durch die Produktion" und „Tierproduktion").

Die Modeindustrie, die Industrieproduktion mit ihrer geplanten künstlichen Alterung von Produkten und die industrielle Landwirtschaft sind umweltschädigend. Für Herrn Norbert, der lieber Dinge kauft, die länger halten, ist „die Mode" mit ihrer „Saisonware" mit mittlerweile „mehreren Kollektionen in einem Jahr" der „Inbegriff von Verschwendung", der Inbegriff von umweltschädigendem Verhalten. Er „hasst Sollbruchstellen", „etwas Eingebautes, dass nach einer bestimmten Zeit kaputt geht", wie bei einem Drucker für PC „nach einer bestimmten Anzahl an Druckvorgängen angezeigt wird, dass er kaputt ist", obwohl dies nicht stimmt. Für einen „Klassiker" hält er das „Bestellen, Zurückschicken" bzw. „Retour Geben" von Bekleidung, die „der Monopolist Amazon einfach vernichtet".

Umweltschädigend ist für Herrn Norbert auch die Landwirtschaft und Ernährung, für die „der Planet extrem ausgebeutet wird", mit ihren „Chemiekonzernen" die mit ihren „Giften" „global die Märkte beherrschen und die Bauern zwingen, ihre Produkte zu nutzen" und so ganze „Nahrungsketten zerstören und nachhaltig schädigen". Umweltschädigend ist auch die viele „Plastikverpackung" (wie bei Gurken, „völlig irrsinnig"), die „in irgendwelchen Ozeanen oder im Gebüsch um die Ecke landet". Herr Norbert findet, dass „Mechanismen" gefunden werden müssen, die es „dem Endverbraucher leichter machen, Alternativen zu nutzen", wie „Unverpackt-Läden".

Weitere umweltschädigende Verhaltensweisen. Umweltschädigend ist es außerdem, Fleisch zu essen, und auf dem Land zu Leben. Umweltschädigendes Verhalten ist für Herrn Karl einerseits „Verhalten, das sanktioniert" und „offensichtlich umweltschädlich ist", wie „Müll auf die Straße werfen". Andererseits gehört dazu auch „eine Sache, die erst in den letzten Jahren als umweltschädliches Verhalten bewusster geworden ist": das Autofahren. „Persönlich" hält Herr Karl auch den „Konsum von Fleischprodukten für sehr umweltschädlich". Hinzu kommt für ihn „sehr persönlich" außerdem das „Wohnen im ländlichen Raum". Dort „beanspruchen" Menschen mit ihren Einfamilienhäusern „einen großen Flächenverbrauch", „teils mit drei Garagen, in dem alle SUVs parken". Außerdem ist das Wohnen dort „sehr unsozial, weil Teilhabe sehr schwer möglich ist". Der „Zugang zu sozialen Teilhabemöglichkeiten" „ist stark verbunden mit dem Zugang zum Auto", wo der „ÖPNV irgendwie fährt", vielleicht wie „in der Schulzeit nur dreimal am Tag". Und dort ist die „Infrastrukturdichte" ausgedünnt, lassen sich Supermärkte „nicht wirtschaftlich sinnvoll" etablieren. Das Leben auf dem Lande ist „jetzt anders" als früher, so Herr Karl, als dort noch „viel Arbeit stattgefunden hat", wenngleich bei einem „ganz anderen Lebensstandard". Will man heute dort, den „gleichen Lebensstandard", sagt Herr Karl, bedarf es eine sehr hohen „ökonomischen und ökologischen Investments". Menschen, die „ökologisch auf dem Dorf leben" und dort z.b. ein eigenes Haus „restaurieren" bzw. in Homeoffice arbeiten, gibt es nur wenige, in einer „privilegierten Position".

Erste Lösungsansätze: In umweltschädigende Verhaltensweisen sind wir alle eingebunden. Für Frau Jana gibt es „jeden Tag" umweltschädigendes Verhalten. „Das lässt sich gar nicht vermeiden", sagt sie, da „man ja grundsätzlich Ressourcen verbraucht". Die Frage ist nur: „Wieviel?" Und „wieviel steht einem zu?"

In der Demokratie die richtigen Parteien zu wählen, könnte helfen, ebenso, wie den Umweltschutz nicht zu diskreditieren. Umweltschädigendes Verhalten ist für Herrn Gerd, „nicht zur Wahl zu gehen", „oder falsch zu wählen". Umweltschädigendes Verhalten ist für Frau Herta „alles, was nicht nachhaltig ist", alles, was „man gerade in diesem Moment tut", von dem „aber erst in vielen Jahren klar wird, dass es umweltschädigend war". Dazu gehört, z.B. ein Produkt zu kaufen, „das irgendwie erstmal nachhaltig wirkt, aber letztlich vielleicht nicht entsorgt werden kann". Oder die „heiß umstrittene" Atomkraft mit viel „Aufbau-Aufwand" einzuführen, ohne zu wissen, „wie die Endlagerung stattfinden soll". Umweltschädigendes Verhalten „im Alltag" ist für Frau Herta auch schon, „wenn sich Leute darüber lustig machen, das andere etwas für den Umweltschutz tun", weil so etwas „befördert", dass Engagierte „vielleicht nicht mehr so motiviert sind", weil so ein Verhalten ihnen „vielleicht die Motivation wegnimmt". („Das klingt alles so traurig".) Umweltschädigend ist außerdem auch, Dinge „so zu lassen, wie man es seit Jahren gemacht hat", weil es „schon immer so" war und das vermeintlich „gut so ist". (Aber Biodiversität z.B. kann man fast immer steigern.)

Methodenkritik und Ergebniszusammenfassung

Gleich am Anfang der Interviews wurde gefragt: „Was ist für Dich umweltschädigendes Verhalten; was sind für Dich umweltschädigende gesellschaftliche Strukturen?" Zunächst ging es in den Antworten um umweltschädigendes Verhalten.

Von den Auswertenden war aufgrund der auswertungsbezogenen Expertinneninterviews erwartet worden war, dass insbesondere individuelle personale Aktivitäten als umweltschädigendes Verhalten gelten.

Anders als gedacht, gehen die Befragten intensiv auf die Verknüpfung des Verhaltens mit gesellschaftlichen Strukturen wie bspw. die Wirtschaft ein, begründen umweltschädigendes Verhalten umfänglich und definieren es auch als Aktivität von Strukturen, Wirtschaftsbereichen und Unternehmen.

Erhebungsmethodenkritisch muss angemerkt werden, dass die stärker betonte gesellschaftliche Verortung des Verhaltens ein methodisches Artefakt ist, weil nach umweltschädigendes Verhalten und umweltschädigenden Strukturen gleichzeitig, d.h. in einer Frage gefragt worden war. Die Interviewpartnerinnen mussten ihre Antworten selbst jeweils dem Verhalten und den Strukturen zuordnen. Da die nachhaltige Strukturierung der Gesellschaft außerdem angekündigter Kerngegenstand der Befragung sein sollte, suchten die Befragten möglicherweise stets auch diese Ebene im Blick zu behalten.

Gleichzeitig zeigen die Interviewergebnisse den Ertrag einer problemzentrierten, aber qualitativ offene Methode: Mehr als Beispiele für umweltschädigendes Verhalten aufzuzählen, erläutern die Interviewpartnerinnen den Zusammenhang von Verhalten und Strukturen und damit Faktoren, die umweltschädigendes Verhalten begünstigen.

Umweltschädigendes Verhalten ist für sie die illegale Entsorgen von privatem Müll, aber auch das legale Vielfahren mit dem Auto; das Fleischessen und das bewusste Umziehen aufs Land.

Umweltschädigendes Verhalten als individuelle personale Aktivität hat innere Gründe wie Achtlosigkeit, Mangel an Rücksicht, Fahrlässigkeit und Vorsatz.

Äußere Gründe sind im vorherrschenden globalen Wirtschaftssystem und den dortigen mächtigen unternehmerischen Akteuren sowie in der modernen industrialisierten Landwirtschaft, der Industrieproduktion und der Marktwirtschaft zu suchen.

Die Befragten machen deutlich, dass es aufgrund des Eingebundenseins für kollektive wie auch individuelle Akteure schwierig ist, sich dem umweltschädigenden Verhalten zu entziehen. Nur umweltorientierte politische Wahlentscheidungen bringen auf der gesellschaftlich-staatlichen Ebene weiter. Auf der zivilgesellschaftlich-gemeinschaftlichen Ebene ist wichtig, Umweltförderung nicht abzuwerten und zunächst einmal als wichtige Tätigkeit zu würdigen und anzuerkennen.

1.2 Umweltschädigende Strukturen

Zur Eröffnung der Interviews mit Umweltengagierten sollte erfragt werden, was für die Interviewpartnerinnen umweltschädigendes Verhalten und was für sie umweltschädigende Strukturen sind. Nachdem die Befragten sich zu umweltschädigendem Verhalten geäußert hatten, erläuterten sie ihr Verständnis von umweltschädigenden Strukturen.

Umweltschädigung findet sich strukturell auf den Ebenen der Privathaushalte, in der Arbeitswelt und in der Wirtschaft. Für Frau Emilia „entstehen", wirken und „festigen sich" umweltschädigende Strukturen im Sinne von „Kultur", indem sich Menschen „jeweils an ihrer „Kultur" oder „Altersgruppe orientieren" und „gegenseitig beeinflussen". Das gilt natürlich „auch irgendwie in anderen Bereichen" und nicht nur bei der „Umweltschonung" oder „Nachhaltigkeit". Bspw. wollen „Arbeitnehmer" vielleicht „ganz viel machen" (wie bspw. „Müll trennen"), was aber „die Strukturen auf der Arbeit gar nicht hergeben". Oder man hat gewohnheitsorientierte „Schwiegereltern zu Hause, die trennen nicht", so dass Umweltschädigungen „manchmal" auch Frau Emilia „halt auch so irgendwie passieren". Wie Leuten, die Müll sehen und „dann halt auch noch etwas dazu schmeißen". Oder wie durch die Werbung, die Verhalten vor strukturiert, was allerdings ihres Erachtens zu relativieren ist, denn „was du daraus machst oder was damit passiert, kann in alle Richtungen gehen." „Das ist als Struktur nicht per se schlecht", so Frau Emilia.

Es gibt sehr konkrete gesellschaftliche Strukturen wie der Warentransport, die umweltschädigend sind. Unter umweltschädigenden Strukturen versteht Frau Berta gesellschaftliche Strukturen, die das Verhalten rahmen.

Dazu gehört bspw. der LKW-Transport, zu dem sie früher einmal wissenschaftlich gearbeitet hat, der zu viel CO2 ausstößt, zu stark zunimmt und zu sehr von betriebswirtschaftlichen Umsatzzielen bestimmt wird.

Umweltschädigend ist die industrielle Produktionsweise mit ihrer Produkt-Obsolenz, ihrer Werbung und ihrem Lobbyismus. Für Herrn Clemens sind umweltschädliche Strukturen die Angebotswirtschaft, die technische Entwicklung, die „Mode" mit dem ihr immanenten „moralischen Verschleiß" von Konsumartikeln sowie unreparierbare verschweißte technische Geräte mit künstlicher Alterung („geplanter Obsoleszenz"). Der „Raubtierkapitalismus" ist für ihn eine umweltschädigende gesellschaftliche Struktur, auch wenn er versteht, dass eine Firma wie die o.g. natürlich Drucker verkaufen muss, denn sonst „verdient sie kein Geld mehr", „sonst ist sie erledigt". Aber er „möchte um Gottes Willen nicht den Kapitalismus abschaffen".

„Globale Konzerne" wären jedoch „dazu zu bringen, anders zu wirtschaften und ihre Ziele zu setzen". Denn „Gewinnmaximierung führt zur maximalen Zerstörung des Planeten", so Herr Norbert. Wie bei den „Handys zu erfahren, die „nach zwei Jahren kaputt gehen" bzw. deren „trickreich verklebte Akkus" sich kaum auswechseln lassen, um die Geräte weiter nutzen zu können. Damit dies besser wird, bedarf es eines „Umdenkens in der Gesellschaft". Es gibt ein „langsames Umdenken in der Automobilindustrie", aber immer noch zu viele „völlig unsinnige und sofort abzuschaffende Kurzstreckenflüge" innerhalb Deutschlands, u.a. ein „Regierungsbeamten-Shuttle" von Berlin nach Bonn. Die umweltschädigende gesellschaftliche Struktur der „Lobbyverbände" einerseits und „eine gewisse Bequemlichkeit" einer „trägen Masse", die „schon irgendwie durchs Leben kommt", neben der es auch viele „Mitläufer" gibt. Das liegt „vermutlich an der Erziehung oder auch den Genen", so Herr Norbert. Nur die „wenigsten streben danach, die Welt zu ändern oder zu verbessern", nur wenige sind „äußerst engagiert" und schauen „über den Tellerrand hinaus" aufs „große Ganze".

Umweltschädigend sind kostenexternalisierende unternehmerische Aktivitäten, zum Teil weltweit. Die Gesellschaft ist für Herrn Ludwig „nicht ganz unproblematisch für die Umwelt" strukturiert. „Besonders ärgerlich sind" für ihn „Umgehungstatbestände", d.h. das „findige" „Aushebeln" oder „Unterlaufen" von gesellschaftlichen „Commitments", „an die sich viele halten". Dazu gehört der Elektronikmüllexport in ein anderes Land durch „geschicktes Umdeklarieren" zur Umgehung der „Elektronikschrottverordnung". Herr Ludwig findet so etwas „ziemlich heftig". Wo hierzulande „kein Müll mehr in Flüsse" geschmissen wird, werden in anderen Weltgegenden noch ganze LKW-Ladungen „reingekippt". Aber es gibt auch in Deutschland „illegale" oder „graue" Deponien und Müll-„Vergesellschaftung über Insolvenz", bis hin zu „ärgerlichen", „keinen interessierenden" „richtig aktiven Systemen, die damit Handel treiben".

Triebkraft der umweltschädigenden Wirtschaftsform sind Wirtschaftswachstum und Profit. Gesellschaftliche Strukturen „führen" aus Sicht von Frau Jana „dazu, dass es sehr anstrengend ist, sich nicht umweltschädigend zu verhalten". Denn um dies zu tun, muss man „sich ganz schön anstrengen", und „sehr unbequem leben". Der strukturelle „Casus-Knack-Punkt der Gesellschaftsordnung ist das Wirtschaftswachstum", sagt Frau Jana. Auch wenn sie „nicht weiß, wie die Gesellschaftsordnung ohne Wirtschaftswachstum aussehen würde", obwohl sie sich „schon viel damit befasst" hat. Sie zweifelt, ob man diesbezüglich „etwas ändern könnte, ohne die Demokratie zu gefährden". Herr Friedrich findet, dass insbesondere das „profitorientierte Wirtschaftssystem" eine umweltschädigende Struktur darstellt, in der – quer „durch die gesamte Gesellschaft" – umweltschädigendes Verhalten „nicht mit eingepreist ist".

Die umweltschädigende konsumistische Wirtschaftsform ist historisch entstanden. Umweltschädigende Strukturen zu benennen ist wie „einen Buhmann" zu suchen, doch um ihn zu finden, so Herr Daniel, „brauchst du bloß dem Geld zu folgen" und zu schauen, „wer profitiert davon"! „Produkthersteller" von „Bodylotion", „Schokoriegeln" und bspw. „fertig abgepackten Burgern" wollen verkaufen und „Boni". Sie begründen ihre Umweltschädigung damit, „dass Existenzen daran hängen" und Menschen „konservativ" daran hängen, etwas „schon immer so gemacht" zu haben wie „vorgefertigtes Essen", „Fertigprodukte", Nahrung aus „Konserven" zu sich zu nehmen. Vor vielen Jahren gab es einen „Schwenk", durch den die Menschen von Produzenten „zu 100-Prozent-Konsumenten" wurden. Und „in dieser Spirale", beklagt Herr Daniel, „stecken wir". Umweltschädigende Strukturen sind für ihn auch der „Transport", grundsätzlich aber alles, was „mehr Ressourcen verbracht, als entweder nachwachsen oder zur Verfügung stehen".

Wirtschaft, Staat und Konsumenten sind miteinander verflochten. Zu den umweltschädigenden gesellschaftlichen Strukturen gehören für sie „große Konzerne, mit zu viel Macht, denen es egal ist, was mit der Umwelt passiert" und die „auf Gewinn und Wachstum bedacht" sind. Ihnen gegenüber steht „eine Politik, die das hinnimmt, die nicht unabhängig genug ist" und beispielsweise aufgrund von „Lobbyismus" „Kuhmilch krass subventioniert", aber „Pflanzendrinks höher besteuert". „Mechanismen, die zwischen Politik und Wirtschaft laufen, machen es schwer, umweltverträglich einzukaufen". „Aber wir sind nicht völlig machtlos", so Frau Mara, die die „erlernte Hilflosigkeit" und die fatalistische Auffassung vieler, man „kann ja nichts machen", „nervt". Denn „jeder Einkaufs-Bon ist auch ein Wahlzettel", sagt Frau Mara, auch wenn es „teurer ist", „aber das ist die Macht, die wir haben". „Wieviel Geld man" insbesondere für Lebensmittel „ausgibt, ist für sie ein sehr sehr großes Thema geworden, denn Lebensmittel sind „Mittel zum Leben". So hat sie einen Unverpackt-Laden gegründet, denn „normal Einkaufen" gibt es für sie nicht. Viele Lebensmittel sind in Supermärkten „nicht normal" günstig. Und viele Menschen geben für Handys und Home-Entertainment „in Relation" „krass" viel mehr Geld aus.

Die Wirtschaftsform ist von den Menschen internalisiert worden, so dass die moralischen Kategorien für umweltförderliches Verhalten fehlen. Das umweltschädigende Verhalten wird von „Strukturen begünstigt", aber auch „fehlendem Umwelt- und Unrechtsbewusstsein", das dazu führt, „gezielt mit einem großen Anhänger loszufahren" und Müll wegzukippen. „Ein fehlbares Verhalten begünstigendes Erlerntes gehört ebenso dazu. Eltern oder die eigene Community haben das „vorgemacht" oder aber „nicht sanktioniert". Dort „fehlt dieser typische Engel auf der eigenen Schulter, der einen darin hindert, so etwas zu machen", so Herr Ingo. Öffentliche Strukturen wie „volle Mülltonnen, die nur alle vierzehn Tage abgeholt werden oder das komplizierte Anmelden von Sperrmüllabfuhren" „begünstigen das alles ein Stück weit mit".

Neben der Wirtschaft sind auch Staat, Bürokratie und Parteien sind umweltschädigend. Im Gegensatz zu umweltschädlichem Verhalten sind umweltschädliche Strukturen für Herrn Anton „Formen menschlichen Zusammenlebens", in denen Menschen „unachtsam" gegenüber ihrer Umwelt sind. Insbesondere „Staats-Konstrukte" wie Staaten, Bundesländer und Kommunen können für ihn umweltschädlich sein. Wirtschaftsunternehmen gehören für ihn nicht zu diesen Strukturen. Die „Bürokratie" ist für Frau Herta eine „extrem umweltschädigende" Struktur, die „manche Prozesse total einschränkt, oder verlangsamt". Anstatt Budgets bereitzustellen, brauchen Projekte „eine Menge Zeit", weil ein Konzept und eine Kalkulation gemacht werden müssen und sich über „Bestimmungen Gedanken zu machen" sind. Das „ist eine große Hürde": „Man braucht immer jemanden, der sich damit auskennt, wo es Gelder gibt oder wen man fragen muss". Es gilt, „die Strukturen zu kennen". Für Frau Herta ist, auch wenn sie „kein Fan von Diktaturen oder sowas ist", „Demokratie manchmal umweltschädigend". „Weil der Großteil der Menschheit nicht versteht, was zum Thema Umweltschutz getan werden muss, bzw. das Wissen nicht da ist" und es deshalb „zu Fehlentscheidungen kommen kann".

Weil es „keinen Menschen gibt, der perfekt ist, muss man natürlich die große Gesellschaft irgendwie mitnehmen bei diesem Thema. Und da ist Bildung ganz wichtig", so Frau Herta. Das Wissen über Klimaschutz entwickelt sich, „die Leute informieren sich immer mehr darüber" (alternative Ernährung, nachhaltige Textilien, „Klamotten-Tausch"), u.a. weil das Thema „immer publiker wird". Frau Herta sagt: „Aber wenn Entscheidungsträger sich nicht informieren oder dafür keine Zeit nehmen, dann ist es schwierig." Aus ihrer Sicht bedürfe es „in Systemen" immer „Leuten, die keiner Partei angehören, sondern eher zur Wissenschaft". Denn es lässt sich, so Frau Herta, „nicht politisch entscheiden, ob der Klimawandel gut oder schlecht ist. Er ist ein Fakt, der ernst zu nehmen ist". Dass ein darauf bezogener Umweltschutz „in jedem Parteiprogramm unterschiedlich interpretiert wird", findet Frau Herta „unmöglich, so als Struktur".

Gesellschaftliche Mehrheitsverhältnisse sind ein Grund für die vorhandenen umweltschädigenden Strukturen, und das Auto. Denn leider ist für Herrn Gerd bereits die Politik umweltschädigend strukturiert: Die „momentan sehr alte Bevölkerung entscheidet hauptsächlich über die Wahl", Menschen, die sich „sträuben", über „die Thematik mit der Umwelt „ mehr zu wissen" bzw. „ihr Bewusstsein in diese Richtung zu schulen". Hinzu kommt Lobbyismus, in dem „Leute Interessen vertreten von Firmen und von der Wirtschaft, und die hinter die Umwelt stellen". Nur „kleine Systeme bzw. Teilsysteme unterstützen" derzeit das Umweltanliegen, „aber das gesamte große Menschheitssystem" mit seiner „globalen

Expansion in alle Richtungen" „nicht so richtig". Eine umweltschädigende Struktur ist auch die „absurde Realität einer Stadt, die um das Auto herum gebaut ist", in der „so einem Konsumgut der meiste Platz in der Stadt gelassen wird".

Methodenkritik und Ergebniszusammenfassung

In den Antworten der Eingangsfrage der Interviews, was für die Interviewpartnerinnen umweltschädigendes Verhalten und was umweltschädigende Strukturen sind, wurde zunächst auf umweltschädigendes Verhalten eingegangen. Danach setzen sich die Befragten mit umweltschädigenden Strukturen auseinander.

Umweltschädigende gesellschaftliche Strukturen müssten vor allem staatliche Strukturen sein, wurde zu Beginn der Auswertung erwartet. Zumindest legten das die auswertungsbezogenen Expertinneninterviews nahe.

Zentrale umweltschädigende Struktur ist für die Befragten, so zeigt sich jedoch, allerdings nicht der Staat, sondern vorrangig der gesellschaftliche Bereich bzw. Sektor Wirtschaft.

Methodisch sind die Antworten durch den Kerngegenstand der Befragung, die „Gesellschaft nachhaltiger strukturieren", verstärkt worden. Zunächst nach individuelle, personale Aktivitäten zu fragen, verortete diesen Gegenstand zwar zunächst in der Nähe von individuellem Verhalten, öffnete aber trotzdem den Raum zu den Verhältnissen bzw. zum Agieren kollektiver Akteure.

Auch hier zeigt sich die Qualität einer leitfadenbasierten qualitativen Interviewstudie: Während allerdings das umweltschädigende Verhalten – bis auf wenige Ausnahmen – external erklärt wurde, erfolgt nun eine intensive Durchdringung des Gegenstands, als welcher vor allem die vorherrschende kapitalorientierte Wirtschaftsform und nur in Ansätzen auch der demokratische Staat ausgemacht wurde.

Zu den umweltschädigenden Strukturen, ein Mehrebenenproblem, gehören bspw. der internationale Warentransport, aber auch die Industrieproduktion und der Lobbyismus für diese Produktions- und Distributionsform.

Umweltschädigung ist ein unternehmensimmanentes Problem, weil Unternehmen stets die damit verbundenen Kosten zu externalisieren suchen, weil sie an Wachstum und Profit interessiert sind.

Diese Angebotsseite, so die Befragten, wird ergänzt durch eine konsum-
orientierte Nachfrageseite. Die Konsumenten sind ebenso wie der Staat
eingebunden in das Wirtschaftssystem. Ja mehr noch, der Homo oecono-
micus hat die herrschende Wirtschaftsform auch internalisiert und exter-
nalisiert Umweltkosten ohne moralische Befangenheit.

Auch staatliche Institutionen, bürokratische Prozesse und politische
Parteien agieren aus sich selbst heraus zum Teil wenig umweltfördernd.
Die Mehrheitsdemokratie muss der Umwelt nicht unbedingt dienen, fin-
den die Interviewpartnerinnen.

1.3 Umweltfrevel

Um die Frage zu vertiefen, was umweltschädigendes Verhalten als individuelle, personale Aktivität jenseits von umweltschädigenden Strukturen
ist, wurde in der Studie nach Umweltfreveln gefragt, die die Interviewpartnerinnen selbst erlebt haben.

1 Das Verständnis von Umweltfreveln

Umweltfrevel ist, seinen privaten Müll in der Natur zu entsorgen. Herr
Clemens hält die gezielte illegale Müllentsorgung in der Natur und die
halblegale Müllablagerung in der Nähe von Müllannahmestellen („außerhalb der Öffnungszeiten") für Umweltfrevel. Aber auch das vielfach prak-
tizierte Fallenlassen von Dingen im Verkehr wie derzeit „herumfliegende
Masken" sowie die Vermüllung von Aufenthaltsplätzen wie „Haltestel-
len" durch „Zigarettenstummel" und „leere Flaschen" sind seines Erachtens Umweltfrevel.

Umweltfrevel sind überhandnehmende Kraftfahrzeugnutzung, Flüge
und Kreuzfahrten, der Konsum von Fleisch, die Nutzung fossiler Energieträger und die Vermüllung der Meere. Ein Umweltfrevel ist für Frau Jana
das Verklappen von Ölabfällen in Gewässern. Zu konkreten Umweltfreveln gehören für Herrn Anton die Vermüllung der Umwelt und das Fliegen,
auch wenn er persönlich noch nie die „Müllberge" in anderen Ländern
oder „Müllinseln" in den Ozeanen gesehen hat. Die Umwelt nicht beach-
tendes „umweltunbewusstes" Verhalten wie die Nichtnutzung von „Öko-
strom", das „Fleischessen", „Autonutzung" und „Kreuzfahrten" sind für
ihn ebenfalls Umweltfrevel.

Umweltfrevel sind für Frau Mara einerseits das „Herumliegen von Müll" im öffentlichen Raum, andererseits der „sträfliche Umgang mit dem Klimawandel, Flutkatastrophen und Dürreperioden". Zu den Umweltfreveln gehört für sie auch das „gesetzlose", „respekt- und rücksichtslose" „Rauslassen" von Müll von Schiffen auf offenen Meeren. Frau Mara ist ein „Tierfan". Der Umgang mit „mitfühlenden Tieren" in großen „Tierzuchtanlagen" ist für sie ein „Verbrechen gegen die Umwelt", auch weil in der Pandemie alle über die corona-infizierten Mitarbeiterinnen und Mitarbeiter einer solchen Anlage sprachen, aber „vom Tier-Leid" gänzlich „absahen".

Zu den Umweltfreveln gehören das Verbrennen von Müll, aber auch die Bodenversiegelung, fehlende Aufforstung und fehlende Mülltrennungsstrukturen. Frau Herta hat Umweltfrevel wie das Verbrennen von Bierkästen auf Campingplätzen erlebt, „weil kein Feuerholz da" war, und das „Wegschmeißen" von Restern und Müll, das „Überall-Hinschmeißen von Kippen". Aber das sind, so Frau Herta, „alles Einzelbeispiele". Umweltfrevel ist für sie auch, dass eine große Logistik-Firma bei ihrer Ansiedlung in der Nähe „wertvollen Boden verbaut, wegtransportiert und versiegelt hat". Zu Umweltfreveln gehört auch, wenn eine Kommune „ein viel zu großes Baumdefizit hat" und „nicht nachforstet" und keine „Baumpflanzungen erleichtert". Umweltfrevel ist auch, dass viele Vermieter keine „Infrastruktur, den Müll zu trennen, bieten". „Das ist wirklich unmöglich", so Frau Herta.

Abwasser- und Restmülleinleitung in Flüsse sowie Havarien sind Umweltfrevel. Herr Ludwig hat als Umweltfrevel erlebt, wie man in den 1990er Jahren in der „Umstellung von einem System auf das andere" bestimmte Produkte entsorgte und „Autos am Straßenrand einfach stehen ließ", weil damals Umweltschutzverschärfungen „noch nicht so da waren". Umweltfrevel sind für ihn auch „Havarien" wie das „Überlaufen einer Biogasanlage", „Fluten einer Talsperre mit Gülle" oder „Flussverschmutzung durch illegale Einleitung" bis hin zum „Gang und Gebe sein" des Entsorgens des Rasenschnitts in an Gärten angrenzende Flüsse und Bäche.

Umweltfrevel gehen nicht von bestimmten Personengruppen aus. Umweltfrevel ist für Herrn Ingo die illegale Hausmüllentsorgung in der Natur. Hinzu kommt: „Oftmals von der Politik gut Gemeintes führt über

Bürokratisierung zu etwas Hemmendem", wie bspw. die „viel zu kompliziert" zu entsorgende Dachpappe aus Asbest. Herr Ingo hat solchen giftigen Baumüll schon entsorgt, was privat möglich ist, aber dafür Abgabegebühren bezahlt, auch wenn allein sein Transport eigentlich „ganz anders gemacht und vorher angemeldet werden musste". Er sagt: „Da ist es natürlich für die Meisten einfacher, in einer Nacht- und Nebelaktion an den Waldrand zu fahren und da Asbeststücke abzuwerfen", „einfacher und unbürokratischer", weil das andere „mit einem hohen Aufwand zu tun hat". Herr Ingo „bezweifelt", dass ein solches Verhalten „an irgendeinen Bildungs- oder Vermögensstatus gebunden ist". Dazu gibt es auch in seinen „privaten Runden" „zu viele gemischte Meinungen zur Thematik".

2 Gründe für Umweltfrevel

Umweltfrevel werden durch eine bestimmte Vorstellung von Normalität begünstigt. Zu den Umweltfreveln gehören für Herrn Daniel „Müll verbuddeln", „Autoreifen verbrennen im Feuer", „Osterfeuer" (mit CO_2-Ausstoss und dem „Verbrennen der Igel", die sich „da im Winter einquartiert haben"), Silvesterfeuerwerk (mit CO_2-Ausstoss) und Silvesterlärm. „Täglicher Frevel" ist für ihn, wenn man „mit einem zweieinhalb Tonnen schweren Fahrzeug einen siebzig Kilo schweren Körper bewegt". Für Herrn Daniel sind Akteure von Umweltfreveln zunächst einmal „die normale Bürgerin, der normale Bürger". Denn vieles geschieht für ihn aufgrund von „Normalismus", und „Normalismus ist, wenn es alle machen". Außerdem muss geschaut werden, wer von Umweltfreveln profitiert. Das sind „die ganzen Konzerne" mit ihrer „Werbung" als „treibende Kraft" (bspw. über den „Normalismus" des „SUV-Fahrens"). Die haben von „weniger konsumieren", „weniger Strom verbrauchen" und „weniger Autos kaufen" nichts. Und deshalb braucht es einen Wechsel, wie beim „Anschnallen", beim „Rauchen" und beim „Fleischkonsum". (Es bedarf „halt des Staats, der sagt: Jetzt machen wir das so. Jetzt wird angeschnallt, sonst gibt es zwanzig Euro Strafe.")

Umweltfrevel geschehen aus Gewohnheit und Bedenkenlosigkeit. Frau Emilia hat erlebt wie „Müll in der Natur" verteilt und „Bauschutt in die Natur gekippt" wird. Für sie ist auch Essensverschwendung ein Umweltfrevel, das „Wegschmeißen" von kleinen Restern, vor allem auf „Autobahnraststätten", in Restaurants und durch Supermärkte ist „nicht ressourcenschonend" (auch wenn klar ist, dass „irgendwie nicht mehr gesaftet" und ähnliches gemacht wird). Fliegen und „unnützes Autofahren" gehören für sie ebenfalls zu den Umweltfreveln. Frau Emilia kann keine Akteure von Umweltfreveln benennen. Sie sagt: Sie kennt niemanden „im direkten Umkreis", der so etwas tut. Wer sich umweltschädlich verhält, ist für sie „schwierig zu sagen" bzw. „schwierig zu verallgemeinern". Menschen sind ihres Erachtens zum Teil „halt einfach zu faul mit dem Zug zu fahren", „kennen (wie bspw. beim Fleischkonsum) einfach die Alternativen nicht"(wie Food Coop und unverpackte Lebensmittel) und „trauen sich nicht heran". „So nach dem Motto: Was der Bauer nicht kennt, das frisst er nicht". Sie machen das, was in ihrem Umfeld gelebt wird und „Gang und Gebe" ist, und „beharren" so gewohnheitsbezogen auf umweltschädigenden „Traditionen". (Obwohl es aus Sicht von Frau Emilia auch „superumweltfreundliche" Traditionen gibt.)

Zu Umweltfreveln kommt es, weil Menschen systematisch von den Folgen ihres Handelns entfremdet sind. „Müllhaufen" an „Straßen oder Gehwegen" sowie „so gut wie jedes benzinbetriebene Auto, was gerade durch die Gegend fährt" sind für Herrn Friedrich Umweltfrevel. „Die Beispiele (wie die „Kreuzfahrtreise"), die man da nennen kann, sind leider Gottes nahezu unendlich", so Herr Friedrich. Akteure von Umweltfreveln sind die Menschen, die, wie „die meisten Leute nicht bewusst konsumieren". Müssten diese Leute die Tiere, deren Fleisch sie essen wollen, „vorher selber töten", würde die Anzahl der „Fleischfresser" stark herunter gehen, so Herr Friedrich. Problematisch ist, dass wie beim „Fliegen", bei dem niemand direkt den Schadstoffausstoß wahrnimmt, in der Gesellschaft „ein System" existiert, „das darauf angelegt ist", die Menschen „bewusst" von den „Konsequenzen ihrer Handlungen" fern zu halten. „Inklusive Dir und mir", sagt Herr Friedrich, denn „auch ich mache teilweise Nicht-Nachhaltiges".

Umweltfrevel sind ein Luxusproblem. Ein Umweltfrevel ist für Herrn Karl, dass er im Supermarkt stets „viel Plastik konsumieren" muss und sein „Luxusbedürfnis", zwei Katzen", nicht vegetarisch ernähren kann. Er erlebt „jeden Tag Umweltfrevel" „um sich herum", wenn er sieht, „wie viele Studierende ein Auto haben", in der Stadt leben und trotz ÖPNV und kurzer Wege „mit dem Auto zur Uni fahren". Er unterscheidet „drei Level" an Umweltfreveln: Das, wie beim Autofahren „normalisierte Verhalten" und das „dumme umweltschädigende Verhalten, dass zeigt, dass du dich persönlich nicht interessierst" und „beispielsweise die Wodkaflasche beim Nachbarn in den Papiermüll wirfst". Und das umweltschädigende Verhalten von Organisationen und Unternehmen.

3 Was Umweltfreveln wehrt

Gesellschaftliche Umweltfrevel können durch Wettbewerblichkeit vermindert werden. Umweltfrevel ist für Herrn Norbert „immer wieder Müll" auf einer Baumpflanzfläche, für die er sich ehrenamtlich engagiert. Dort finden sich nicht nur Bierflaschen und To-Go-Becher, sondern sogar Batterien. International ist für ihn das „dramatische Abholzen der Regenwälder in Brasilien" und die fehlenden internationalen Sanktionen „ein Skandal". Er hofft auf internationales Engagement zur Einhaltung der Pariser Klimaziele, dass hierbei „der Kapitalismus förderlich ist und man jetzt global ein Wettrüsten für Nachhaltigkeit macht", weil es in den USA wie auch in China „in diese Richtung geht". Das „Rausschmeißen" von Müll aus dem Privatauto, das er vor Ort erlebt, findet Herr Norbert „einfach erschreckend" („hält aber persönlich nicht so viel davon", dagegen „Schilder aufzustellen").

Eine Lösung, Umweltfrevel zu verhindern, ist die Konfrontation der Menschen mit den Folgen ihres Verhaltens. Müll an Straßenrändern müsste wie ein Bumerang „magnetisch sein" und „immer zu dem zurückkehren, der ihn irgendwie weghaut", so Frau Berta über Umweltfrevel. Das Nutzen von Autos und die viele Plasteverpackung von Lebensmitteln sind für sie auch eine Form von Umweltfrevel.

Umweltförderliches Verhalten müsste attraktiver sein, für umweltförderliche Strukturen bedarf es einer gut austarierten Politik, weil im Gesellschaftlichen viel miteinander zusammenhängt. Herr Gerd hat in anderen Ländern und Kulturen erlebt, wie Essensreste von bereits in Plastik verpacktem Essen in einen Plastikmüllsack entsorgt und „aus der offenen Tür geschmissen" wurden. Solcherart Umweltfrevel sind aus seiner Sicht „kulturell" bedingt, und wahrscheinlich in Deutschland heute „uncool". Er hofft aber auch für hierzulande, dass es „irgendwann uncool ist, wenn du mit dem Auto zur Party kommst oder zum Konzert und dich die Leute schief angucken". Bestimmte Personengruppen, die Umweltfrevel verursachen, kann Herr Gerd nicht ausmachen, sieht aber Bevölkerungsteile und

Politiker, die „Millionen in Ausbauprojekte für den Autoverkehr stecken", (auch wenn beachtet werden muss, dass Menschen aus Dörfern „angeschlossen" bleiben müssen, wenn sie in der Stadt arbeiten). Auch wenn „alles irgendwie miteinander verwoben ist" und bedacht werden muss, für ihn ist es „sinnvoller, Züge zu bauen".

Methodenkritik und Ergebniszusammenfassung

Um die Frage erfahrungsorientiert zu verstärken, was unter umweltschädigendem Verhalten und unter umweltschädigenden Strukturen verstanden wird, fragten die Interviewerinnen als zweite Frage im Interview: „Welche Umweltfrevel hast Du selbst erlebt?" Vorrangig wurden auf diese Frage hin Selbsterfahrungen berichtet, teilweise aber auch medial vermittelte Umweltkatastrophen.

Erwartet wurde – nach Sichtung der auswertungsbezogenen Expertinneninterviews – von den Auswertenden, dass Umweltfrevel vor allem in der Entsorgung privaten Mülles in der Natur besteht.

Tatsächlich erwies sich diese Vermutung als richtig: Diese Form des umweltschädigenden Verhaltens wird von den Befragten immer wieder erlebt und als Frevel angesehen. Und sie äußern sich intensiv zu den – nicht erfragten – Gründen von Umweltfreveln.

Methodenkritisch ist diese Fokussierung der Antworten wahrscheinlich mit der Interviewpartnerauswahl verbunden, die als kulturell eher bürgerliche Stadt-, Kleinstadt- und Dorfbewohner gern Spazierengehen bzw. sich in der Natur aufhalten und betätigen; und dort den Müll anderer, vor allem anderer Schichten bzw. Milieus entdecken (auch wenn zumindest ein Engagierter dies nicht an bestimmten Personengruppen festmachen möchte).

Gleichzeitig ist die Frage durch ihren expliziten Bezug auf eigene Erlebnisse („Welche Umweltfrevel haben Sie/hast Du selbst erlebt?") treffsicher in Bezug auf den Gegenstand; die Umweltfrevel mit biografischem, räumlichem und alltäglichem Bezug zu den Interviewpartnerinnen. Als besonderer Ertrag der qualitativ-offenen Erhebungsmethode müssen die Gründe gelten.

Wirklich selbst erlebter Umweltfrevel ist, so die Befragten, seinen Privatmüll in der Natur zu entsorgen. Aber die maßlose Autonutzung, Fliegen, Kreuzfahrten, Fleischkonsum sowie die Nutzung fossiler Energieträger in der Gesellschaft und die öffentliche Vermüllung der Meere gehören dazu. Andere Beispiele, die als Umweltfrevel gelten, sind das Verbrennen von privatem Müll sowie die Versiegelung von Mutterböden, vernachlässigtes Aufforsten und fehlende Mülltrennungsmöglichkeiten. Darüber hinaus gehören Abwasser- und Mülleinleitung in Flüsse und Havarien zu den Umweltfreveln.

Viele Befragte tragen Gründe für Umweltfrevel vor. Zu diesen gehören umweltschädigende Normalitätsvorstellungen, Gewohnheit und Bedenkenlosigkeit, aber auch die Entfremdung der Menschen von den Folgen ihres Handelns. Umweltfrevel leistet man sich darüber hinaus als Luxus.

Möglichkeiten, die Umweltfrevel verhindern bzw. umweltförderliches Verhalten protegieren würden, sehen die Interviewpartnerinnen in einem Wettbewerb zum Erreichen von Umweltzielen, die Konfrontation der Menschen mit den Folgen ihres Verhaltens und die Steigerung der Attraktivität umweltförderlichen Verhaltens und einer Politik, die der Verwobenheit des Problems sowie der Heterogenität der Lösungsmöglichkeiten gerecht wird.

2 Kaum Zeit gegenzusteuern

Wieviel Zeit Gesellschaften haben, um sich umzustellen, war eine Frage der Studie.

Die Zeitfrage soll die Wissenschaft beantworten. Einige Umweltengagierte halten die zeitliche Dimension der Veränderungsnotwendigkeiten allerdings für eine naturwissenschaftliche Spekulation, an der sie sich nicht beteiligen wollen, u.a. weil sie glauben, man hätte schon längst beginnen sollen, sich zu ändern, aber niemand wisse, wo angefangen werden sollte. Die Zeit drängt, die Gesellschaft hat angesichts des Klimawandels nur wenig Zeit sich umzustellen. „Wieviel Zeit wir haben? Das ist schwer zu sagen.", findet Herr Daniel. „Das kann ich nicht sagen.", wiederholt er und sagt: „Am besten vorgestern!" Es sind immer mehr „Puffersysteme in der Natur kaputt gemacht" worden und es gibt immer mehr „Kettenreaktionen" und „Kaskadeneffekte" – hinter jeder „Tür ein Riesensack voll" – angefangen vom „Korallenriffsterben" bis hin zu „Starkregenereignissen". Aber: „Wieviel Zeit noch" ist, „bis der Keller voller Wasser läuft oder das Dach brennt: Das kann ich nicht sagen!", so Herr Daniel. „Das ist ein Spiel mit Zahlen." Die Frage ist doch eher: „Mein Gott, wo fangen wir denn am besten an?"

Wieviel Zeit ist, damit „Menschen gravierende Schritte tun", um nicht, „im Bild" gesprochen, „sehenden Auges gegen die Wand zu fahren", kann Frau Mara „nicht in Zahlen ausdrücken".

Migrationskritische Umweltengagierte, die sich bei der Frage nach der verbleibenden Zeit nicht selbst festlegen, wollen den Klimawandel im Zaum halten, um gesellschaftliche Zuwanderung zu verhindern. Wieviel Zeit der Gesellschaft bleibt, muss aus Sicht von Herrn Norbert „die Wissenschaft sagen". Er kann das „nicht beantworten", hat das „nicht im Kopf", jedoch von „gewissen Kipp-Punkten" u.a. durch „Auftauen der Permafrostböden" gehört, so dass es „weltweit Völkerwanderungen geben wird, gegen die das, was 2015 auf uns zugekommen ist, nur ein kleiner Vorgeschmack" war. Wenn es Menschen, nicht mehr möglich ist, ihren Ackerbau zu betreiben, müssen sie sich „umstellen" mit der „Frage, was sie noch nutzen, und was sie noch machen können". „Oder sie hauen ab". „Und genau das wird passieren", sagt Herr Norbert, wenn nicht „versucht wird, die Sache im Zaum zu halten".

Viele, denen es ebenfalls schwer fällt, die Zeitfrage zu beantworten, fürchten sie, dass die Zeit nicht reicht. Für Frau Emilia ist es „echt schwierig" zu sagen, wieviel Zeit die Gesellschaft noch hat, sich umzustellen. Zentral ist die Frage, wie lange die Ressourcen noch reichen. Dem „Planeten wird es immer schlechter gehen" und die Menschen müssen mit den Konsequenzen ihres Handelns, mit „Überschwemmungen" und „Naturkatastrophen" leben. Sie glaubt, „wir haben weniger Zeit, als wir brauchen, um etwas zu verändern und die Gesellschaft umzustrukturieren". Auch wenn die Gesellschaft sich „ständig wandelt", wie bspw. in der gegenwärtigen „Digitalisierung".

Zeitlich gesehen ist es fünf nach zwölf, d.h. zu spät. Einige sind der Meinung, es sei schon längst zu spät, weil einfach nicht gehandelt wird. Allein ein gesamtgesellschaftliches „Umdenken" reicht für Herrn Anton aber nicht zur Rettung der Umwelt, denn dafür ist nur noch „ungefähr minus fünf Jahre" Zeit. Aber die Gesellschaft „zögert" seines Erachtens zu viel und „vergeudet Woche für Woche" und erhöht dadurch den Handlungsdruck.

Andere sagen, dass es keine Zeit mehr gibt zu warten und dass nicht so weiteragiert werden kann wie bisher. Herr Clemens weiß, dass „eigentlich keine Zeit" mehr für die Rettung der Umwelt ist. „Wir wursteln und wursteln" und „produzieren immer wieder" und „fragen nicht" nach Ressourcenverbrauch und Umweltschäden, beklagt er.

Eigentlich müsste sofort gehandelt werden. Für andere ist es nötig, sofort zu beginnen, die Gesellschaft zu verändern, und zwar sehr schnell und sehr konsequent. Herr Friedrich möchte – zeitlich gesehen – „einen Punkt erreichen", an dem es in der Gesellschaft, durch Aufklärung und Sensibilität für die Umwelt, zu einem „Umdenken kommt". „Hoffentlich ist der nicht zu spät", sagt er, denn eigentlich müsste „alles sehr viel rasanter passieren". Es gibt zwar unterschiedliche Szenarien über den Klimawandel, aber wissenschaftlich gesehen scheint es „tatsächlich schon fünf vor zwölf" zu sein. Selbst „Corona" wird sich vor diesem Hintergrund als „entspannte Phase unseres Lebens darstellen", vermutet er und sagt: „Also: Wenn ich an der Macht wäre, dann würde ich die Sachen sehr, sehr radikal gestalten!"

Wichtig ist es für die Umweltengagierten, keine Zeit mehr zu verlieren, sondern ganz viel zu unternehmen, die negativen Folgen des Klimawandels zu bearbeiten, und sich selbst wirklich in der Pflicht zu sehen. „Wir haben nicht mehr viel Zeit" zur Rettung der Umwelt, so Frau Herta, sondern „müssen jetzt anfangen, uns zu verändern bzw. Veränderungen zu bewirken". Nur wenn wir „jetzt ganz viel machen", „schaffen wir es, die Folgen zu minimieren" und „später weniger Probleme zu haben", sagt Frau Herta. Den Klimawandel zu „verhindern, ist nicht mehr zu schaffen", aber es ist möglich, die Zeit zu nutzen, sich „vernünftig darauf vorzubereiten". Es lohnt sich nicht zu warten, denn „es liegt nur noch an uns", dass etwas „passiert".

Die nächsten Jahre sind die entscheidenden. In den kommenden Jahren muss sich umgestellt werden, auch wenn das für die Gesellschaft zu einer Stressor, ja zu einer Zerreißprobe wird. Das bedarf eigentlich engagierten und mutigen Handelns und des Glaubens daran, dass die Umstellung möglich wird. Um sich gesellschaftlich umzustellen, sind für Herrn Karl, „die nächsten fünf Jahre ziemlich relevant" und „entscheidend". Denn „danach wird es sehr, sehr eng", so dass er „ehrlich gesagt, nicht mehr so richtig daran glaubt, dass wir das noch schaffen, sondern eher an den Punkt kommen, an dem wir anfangen, noch krassere Folgen" bearbeiten zu müssen. Es ist „einfach zu wenig Zeit". Denn Gesellschaften haben auch „ein Problem, dass der Druck, der mit dem Klimaschutz einhergeht, sie auf demokratischer Ebene zerreißen könnte". Außer, wenn man „jetzt tatsächlich effektiv handelt". Aber Herr Karl glaubt – „ganz traurig" – eher nicht, dass das gelingt.

Die einen halten die Gesellschaft für wandelbar, so dass ihr die Anstrengung der Veränderung, ja der qualitative Sprung, zugemutet werden kann. Weil wenig Zeit ist, befürwortet Frau Berta „Kalte-Wasser-Aktionen" wie ein konsequentes Plastetütenverbot, weil diese auf eine „sehr veränderungsfähige Gesellschaft" treffen und von ihr angenommen werden.

Umwelterfordernisse stehen für die Umweltengagierten auf der einen Seite, gesellschaftliche Erfordernisse auf der anderen Seite, wenn darüber verhandelt wird, wieviel Zeit noch ist, zu Handeln und die Gesellschaft umzustellen. Die Studien zum Zustand der Natur zeigen: „Im Grunde genommen haben wir keine Zeit mehr", sagt Herr Ingo. Aber „eine gesellschaftliche Entwicklung braucht Zeit", lässt sich nicht durch „Tabula Rasa schaffen". Fridays for Future zeigen, dass es bei jungen Menschen „schnell und breit möglich ist", aber nicht bei Menschen, „die schon dreißig, vierzig, sechzig Jahre lang ein bestimmtes Verhalten an den Tag gelegt haben". Das gelingt nicht „von heute auf morgen", so Herr Ingo. Für „gemeinsames Initiieren und gemeinsames Entwickeln" kann er „keine Zahl, keine Jahre nennen". Und „nicht alle werden mit in dieses Boot genommen werden können", wie der Arbeiter, der sagt, vier Kreuzfahrten pro Jahr habe er „sich verdient". Oder das Autofahren" der „Mitteleuropäer", die in ihrem „ethnozentrischen Weltbild" gefangen sind, weil die „Erde von heute auf morgen kollabieren" würde, wenn alle ein Recht auf Autofahren wahrnehmen würden. Es bedarf einiger „Perspektivenwechsel" und eines „politisch globaleren Guckens" und keines „Sich Ausruhens", weil der „europäische Weltbevölkerungsanteil das Weltklima und die Weltnatur zunichtemachen kann".

Es bedarf gesellschaftlich gesehen eines Generationswechsels und des Gesprächs zwischen den Generationen und in den jeweiligen Generationen, um sich vom Problem der Umweltschädigung und vom dementsprechend erforderlichen gesellschaftlichen Handeln zu überzeugen, und damit zu beginnen. Herr Gerd macht die Zeit, die es braucht, die Gesellschaft ökologisch zu strukturieren, zunächst nicht an Umwelterfordernissen, sondern an den gesellschaftlichen Bedingungen fest. Für ihn dauert es „zwanzig oder dreißig Jahre", bis „die Generationen aussterben, die für all das Umweltschädigende verantwortlich sind", auch wenn so etwas zu sagen „natürlich komplett übertrieben ist", weil nicht jede oder jeder dafür verantwortlich ist. Denn derzeit werden in China noch weitere Kohlekraftwerke gebaut, und ist in Deutschland ja immer noch kein Tempolimit durchsetzbar. Aber es ist auch gegenwärtig schon etwas denkbar: Herr Gerd wünscht sich „viele Kinder an Stubentischen, die versuchen, ihre Eltern zu überzeugen", so dass „überzeugte Eltern auf einem Geburtstag den Rest der Eltern überzeugen, und sich das langsam durchsetzt". „Flutkatastrophen und Dürren" werden „das Einsehen erhöhen, dass da irgendwas nicht stimmt" und der „strukturelle Wandel schneller kommen wird".

Nur ein Umweltengagierter sieht das nicht so. Nur dieser einzige Umweltengagierte ist der Meinung, dass es die Natur nicht akut gefährdet ist, weil sie langsam reagiert. Auch um gesellschaftliche Konflikte zu vermeiden, würde er warten, wie sich umweltschädigende Werte über Generationen verlieren und neue umweltförderliche Werte entstehen. Dafür bedarf es seines Erachtens eines Generationswechsels in der Politik. Zeitlich müssen sich manche „Werte, die in den jeweiligen Menschen verinnerlicht sind" „über die Generationen auswachsen". „Anders wird es nicht gehen, ansonsten wird ein tiefer Spalt in die Gesellschaft getrieben und das ist im Zweifelsfall nicht gut". „Von „jemandem im Alter von Anfang 60, der sich z.B. an die Pendlerpauschale gewöhnt hat, wird man keine Applaus ernten, wenn man diese abschafft". Herr Ludwig sagt: „Das ist ja so, wie wenn Sie die Frösche fragen, wenn Sie das Wasser aus dem Teich lassen wollen". „Aber eine Generation sind ja nicht viel, das sind dreißig Jahre, nicht viel", sagt Herr Ludwig. Auch weil „der Planet ein relativ träges System ist, ist eine Generation nicht viel". „Man muss nur anfangen", sagt er, aber noch sieht er „keine jungen Leute in der Politik, insbesondere in den etablierten Parteien".

Methodenkritik und Ergebniszusammenfassung

Um die Fragen des Interviews nach umweltschädigenden Verhaltensweisen, Strukturen und Freveln sowie den gesellschaftlichen und staatlichen Strukturierungs- und Handlungsnotwendigkeiten zu unterbrechen und gleichermaßen problemzentriert zu unterstreichen, wurde zwischen den Fragen nach den Durchsetzungswünschen an die Regierung und der Wirksamkeit von Belohnungen und Bestrafungen die Frage eingeschoben: „Wieviel Zeit haben Gesellschaften, sich umzustellen?" Einige der Befragten konnten oder wollten diese Frage nicht beantworten, die meisten hatten jedoch eine klare Meinung zur zeitlichen Dimension der gesellschaftlichen Umstellung.

Vermutet wurde zu Beginn der Auswertung, im Blick auf die Ergebnisse der Experteninterviews: Die Zeit drängt, denn die Umwelt ändert sich und der Klimawandel ist im Gang. Alles müsste sehr viel schneller geschehen, rasanter passieren, so vermutlich Umweltengagierte. Man muss anfangen, die Gesellschaft umzubauen.

Zusätzlich zu diesen umweltinduzierten Gründe für ein hohes Tempo zeigen sich allerdings auch Gründe für ein in Bezug auf die Gesellschaft realistischeres niedrigeres Tempo.

Die Forschungsgruppe kann im Rückblick keine Ansätze sehen, dass diese Frage kritisch zur Diskussion gestellt werden müsste.

Einige der Interviewpartner gingen allerdings in der Begründung ihrer Auffassung eher auf die wissenschaftlichen Erkenntnisse zum Zustand von Natur, Umwelt und Klima ein, andere eher auf gesellschaftliche Bedarfe an Entwicklungs- und Umstellungszeit.

Einige können sich nicht festlegen, wieviel Zeit die gesellschaftliche Veränderung hat, einige halten es für zu spät, zu handeln, andere sagen, es muss sofort und radikal gehandelt werden, wieder andere überlegen, was in den nächsten Jahren getan werden sollte. Manche verhalten sich zur Zeitfrage resignativ bzw. sarkastisch, andere hoffend, wieder andere appellativ und/oder partizipationsorientiert. Denn die Aufgabe ist groß, sie wird die Gesellschaft herausfordern, kann sie spalten, ja sogar zerreißen, begründen die Umweltengagierten ihr Statement. Nur ein Umweltengagierter sieht umweltseitig keinen Zeitdruck, weil die Natur robust ist und manche gesellschaftliche Probleme sich auch rauswachsen...

3 Belohnungen, aber keine Strafen bitte

3.1 Zur (Un-)Wirksamkeit von Strafen

In der Studie wurde danach gefragt, für wie effektiv die Interviewpartnerinnen staatliche Belohnungen und für wie effektiv sie staatliche Bestrafungen in Sachen Umwelt halten. Die Interviewpartnerinnen äußerten sich zumeist zuerst zu den Bestrafungen.

1 Strafverständnis und -ablehnung

Strafen sind zunächst Begrenzungen. Frau Berta „hält nichts von Bestrafungen" und „Zuckerbrot und Peitsche". Sie findet, die Menschen haben sich „nicht emanzipiert" und sind „nicht laut geworden" und haben heute „die Möglichkeit, alles zu äußern", „um sich bestrafen zu lassen". „Natürlich gibt es", so Frau Berta, „eine Form von Aktivismus, die sich an Grenzen und vielleicht auch über Grenzen hinweg bewegt, und da sollten natürlich ganz klar Grenzen gezogen werden". Aber besser ist es insgesamt, mit „Belohnungen" zu arbeiten. Startkapital bzw. „finanzielle Förderungen", mit dem man sich „Flyer anschaffen" oder immer wieder einmal „einen Transporter mieten" kann, findet Frau Berta hilfreich. Bildungspolitisch muss gezeigt werden, „wie vielfältig" umweltpolitisches Engagement ist, und ist für den Umweltschutz „breit zu motivieren".

Strafen sind aber auch Verbote. „Deutschlandweit strenge ökologische Richtlinien bringen nichts", wenn vieles gar nicht mehr in Deutschland produziert wird, so Herr Ingo. Es gilt eher, „Ein- und Ausfuhr zu kontrollieren". Zur Umgehung des Verbots von Plastiktüten und Plastikverpackungen werden immer wieder „Lücken kreiert". „Leute kommen mit zehn, zwölf kleinen Tütchen aus Discountern heraus". Diese „extrem paradoxen" Reaktionen zeigen: „Es scheint nicht nur über dieses Wirtschaftsverbotszeugs zu gehen". Besser ist ein „extremer Cut", dass etwas „nicht weiter hergestellt werden darf", damit es nicht wie Plastikverpackungen aus Recyclingmaterial" hinten herum wieder eingeführt wird. Ergänzt werden muss dieser Cut aber von der Initiierung eines veränderten „Bewusstseins bei der Bevölkerung".

Strafen sind in Ordnung, und sehr wirksam. Bestrafung in Sachen Umweltfrevel findet Herr Daniel „wirkungsvoll", wie es sich bspw. bei der Einführung der „Anschnallpflicht" erwiesen hat. Auch damals musste man von der „Normalität" des Nichtanschnallens „wegkommen". Und obwohl es das „Leben einschränkte" und „es eine Weile dauerte" bis zur „Akzeptanz", war „auf jeden Fall eine Wirkung da".

2 Strafwirksamkeit und vor allem Unwirksamkeit

Strafen wirken nur kurzfristig. Strafen sind für Herrn Anton das eine, Verbote und Anreize etwas anderes, ebenso wichtiges. Hinzu müssen für ihn Angebotsstrukturen bzw. konkrete „Angebote" kommen, die Menschen ermöglichen, umweltschützend einzukaufen bzw. sich anders zu verhalten. Verbote und insofern Strafen sind seines Erachtens nur „kurzfristig wirksam". Allerdings bedarf es in allen umweltpolitischen Handlungsfeldern „strikterer Regularien" und eines „strikteren" Vorgehens: zum Beispiel bei der Einführung von Umweltzonen und Jobtickets, zum Beispiel bei der Abschaffung von Dienstfahrzeugen. Nachgedacht werden muss über die „Verstaatlichung" ausgewählter Unternehmen. Anreize könnten darin bestehen, zusätzlich zu den „rein wirtschaftlichen" Orientierungen mehr Umweltziele in Unternehmen zu implementieren. Herr Anton würde gern „einfach versuchen" anzuordnen, in öffentlichen Kantinen nur noch vegetarisches Essen anzubieten, und auch private Gastronomen zu einem fünfzigprozentigen vegetarischen Essensangebot zu verpflichten. Weil es wissenschaftlich nicht zu belegen ist, dass vegetarisches Essen gesünder ist als „Salami", ist für ihn ein „komplettes Verbot" des Fleischessens Unsinn, „Total Banane!", wie es Herr Anton ausdrückt.

Strafen müssten höher sein, um zu wirken. Herr Friedrich ist „definitiv immer ein Fan von einem positiven Approach" und „auf jeden Fall eher für Belohnung als für Bestrafung", „auch wenn man natürlich gewisse Umweltfreveltaten durchaus auch härter bestrafen könnte". Er sieht das Problem eher darin, dass es sich „für viele Firmen einfach nicht rechnet, nicht-nachhaltiges Verhalten an den Tag zu legen", und andere sogar „Verbrechen an der Natur begehen", weil die Strafen dafür „nicht wirklich hoch" sind. Das müsste „definitiv" „angepasst" werden, so Herr Friedrich.

Strafen müssten schmerzhafter sein, damit sie etwas bewirken. Staatliche Strafen sind für Herrn Karl nur sinnvoll, wenn sie sich wirksam zeigen, und „tatsächlich der Person wehtun". Umweltschädigendes Verhalten „muss", wie z.B. bei Zahlungen von Baustellenfirmen für nicht oder falsch ausgewiesene Radverkehrsumleitungen, „auf einem Level sanktioniert werden", das wirklich „schadet". Damit sie „Angst" davor haben und das „Gefühl", es könnte „meiner Existenz schaden", so „wie manche Leute bei der DSGVO Angst haben", obwohl bezüglich dieses Themas „nicht wirklich anwendungsfähige Summen kursieren". Das ist für Unternehmen ebenso „effektiv" wie „steuerliche Anreize". „Auf der persönlichen Ebene" hält Herr Karl Belohnungen für sinnvoller, weil Bestrafungen zu „negativem Verhalten", zu „Keinen-Bock-" bzw. „Verteidigungshaltungen" führen, auch gegenüber dem „komischen autoritären Staat, der mir sagt, ich soll auf das Klima achten". „Individuelle Bestrafungen halte ich für einen schlechten Weg", umweltpolitische Anliegen „umzusetzen", sagt Herr Karl, „Belohnungen sind dagegen sehr gut", wie er bei einem Projekt erlebt hat, bei dem man sich Lastenräder ausleihen konnte.

Eine alternative Idee sind Zeitstrafen. Staatliche Belohnungen findet Frau Herta „gut", nicht nur „materiell", sondern auch in Form von „Ehrungen", „Freizeitausgleichen", „Social Credits" für Studierende. Staatliche Bestrafungen müssen dort eingesetzt werden, wo Grenzwerte überschritten werden, „wo es wirklich keine Diskussion gibt, ob etwas gut oder schlecht ist". Anders als für „Kleinigkeiten", so Frau Herta, für die jemand vielleicht eher „Bäume pflanzen" oder „Umweltbildung bekommen muss", sind für „wirklich schlimme Klimasünder" höher Bestrafungen „anzusetzen". Solche Strafen könnten auch darin liegen, sich Zeit für eine Umweltschutzaktivität wie das Baumpflanzen nehmen zu müssen, weil manche sagen können: Egal „was passiert, ich habe das Geld, ich zahle einfach". Das gilt auch für Unternehmen, denen „zum Beispiel ein Schiff ausläuft, das voll Öl ist". Das lässt sich ja letztlich „nur über Bezahlung auch gar nicht wiedergutmachen". Aber „der Mensch muss da irgendwie auch mit dem Gewissen zur Rechenschaft gezogen werden".

Methodenkritik und Ergebniszusammenfassung

„Für wie effektiv hältst Du staatliche Belohnungen, für wie effektiv staatliche Bestrafungen in Sachen Umwelt?" war die zentrale im mittleren Teil des Interviews gestellte Frage nach staatlichem Handeln und seiner Wirksamkeit. Zumeist setzen sich die Interviewpartnerinnen zunächst mit der Teilfrage nach der Effizienz staatliche Strafen auseinander.

Aufgrund der auswertungsbezogenen Expertinneninterviews wurde erwartet, dass konsequentes und insofern auch strafendes staatliches

Handeln gerade in Sachen Umwelt notwendig und wirksam ist, durch das sich Personen wie auch unternehmerische bzw. öffentliche Akteure disqualifizieren, wenn sie umweltschädigend agieren.

Die Antworten zeigen anderes: Staatliche Belohnungen werden von den Interviewpartnerinnen deutlich bevorzugt, auch weil sie effektiver sind.

Methodenkritisch muss, ebenso wie bei der Frage nach Verhalten und Strukturen, eingeräumt werden, dass die Interviewpartnerinnen durch die Doppelfrage nicht nur eine Differenzierung, sondern durch die Bitte um Wirksamkeits- bzw. Effektivitätseinschätzung auch eine qualitativ begründete Bewertung von Belohnung und Bestrafung realisieren und einen Vergleich von Belohnung und Bestrafung durchführen mussten.

In der Vielfalt, Dichte und Intensität der Bewertungen wie auch insbesondere in den Begründungen zeigt sich, trotz des Trennschärfeproblems, aber auch der methodenbasierte Ertrag der qualitativ-offenen Erhebungsmethodik der Studie.

Staatliche Strafen sind für die Befragten zunächst Begrenzungen, darüber hinaus natürlich aber auch Verbote.

Staatliche Strafen sind wirksam, so die Befragten, jedoch oft nur kurzfristig. Entscheidend ist die Höhe der Strafe bzw. der Einschnitt („Schmerz"), der durch die bewirkt wird.

Als eine interessante Maßnahme wird empfohlen, statt finanzieller vielleicht auch zeitliche Strafen zu verhängen.

3.2 Belohnungsverständnis und -befürwortung

Die Interviewpartnerinnen mussten sich in der Studie der Frage stellen, für wie effektiv sie staatliche Belohnungen und für wie effektiv sie staatliche Bestrafungen in Sachen Umwelt halten. Nach dem sie ihre Meinung zu den Strafen geäußert hatten, gingen die Befragten auf Belohnungen ein.

Belohnungen sind z.B. staatliche Fördermittel. Staatliche Belohnungen reichen für Frau Jana von immer „relativ aufwendig" zu beantragenden und „nicht nur Nullachtfünfzehn" zu bewirtschaftenden Fördermitteln über den Emissionshandel – dessen Wirkung sie „selbst schlecht einschätzen" kann – bis hin zur CO2-Besteuerung, die ihres Erachtens noch „unausgegoren" als „Nachteil" die „niedrigeren Einkommen" belastet. Aber auch damit, sagt sie, müsste sie sich „näher befassen, um sich wirklich fundiert ein Urteil bilden zu können". Staatliche Bestrafungen und Belohnungen sind „beide anzuwenden", so Frau Jana. Es ist zwar „ein bisschen schwierig", aber „man muss eben das richtige Maß finden", „um die Bevölkerung halbwegs mit zu kriegen" und damit diese „nicht völlig konträr ist". „Alle kriegt man nicht", sagt Frau Jana, aber man kann auch nicht „Extremisten eine Chance" geben und „zum Zuge kommen" lassen. Denn „diese Gefahr" sieht sie „sehr wohl".

Denn durch Belohnungen bekommen die Menschen – vor allem die finanziell gering Ausgestatteten wie auch die Engagierten – etwas, vor allem soziale Räume der Beteiligung und des Engagements. Bestrafungen findet Herr Gerd „persönlich gar nicht so sinnvoll". Belohnungen sind besser, „weil jemand, der Belohnungen hinterherläuft", etwas bekommt. Und das sind für Herrn Gerd „vielleicht auch Leute, die das auch gerade nötig haben". Es sollte die Möglichkeit geben, durch Pfand sammeln, Bäume pflanzen und Grünflächen pflegen „etwas dazuzuverdienen". Das ist „nicht nur Bewusstseinsschulung, sondern auch ein sinnvoller finanzieller Ausgleich", so Herr Gerd. Er hat die Vision von „dritten Räumen", Orten, an denen „sich Menschen jenseits von Zuhause und Arbeit begegnen". Und wo sich „vor allen Dingen Jung und Alt treffen", wie bspw. bei einem Schützenfest, und Verständnis füreinander entwickeln: Die „in die Stadt abgehauenen" Städter, die „überhaupt nicht verstehen, wie die Leute im Dorf so bleiben können, wie sie sind", und „die aus dem Dorf, die nicht verstehen, warum die anderen so sind". Orte, wo sie sich über „ihre Sorgen, ihre Gedanken über die Umwelt, mit anderen Erwachsenen, mit anderen Kindern" unterhalten können, so dass es zu einem „Funkensprung von Hoffnung für die Umweltcourage" kommen kann.

Aber Belohnungen können auch unnötig sein, denn vor allem zählen Werte. Staatliche Belohnungen hält Herr Ludwig nicht für „sinnfällig", denn ein „vernünftiges, ökologieorientiertes, ressourcenförderliches sinnvolles Agieren" würde er „als Standard setzen", aber „nicht belohnen". Wichtig ist hingegen, alles, was „Dagegen" ist, zu „markieren, besteuern und im Zweifelsfall zu verbieten", oder „richtig zu verteuern, wie Kerosin". Auch wenn es zunächst einen „Spagat zu finden gilt", weil „weite Teile der Bevölkerung nach Malle in den Urlaub fliegen wollen". „Anders wird es nicht gehen", so Herr Ludwig.

Belohnungen bräuchte es nicht, würden Märkte regeln. Staatliche Belohnungen und Bestrafungen sind für Herrn Norbert staatliche Maßnahmen zugunsten einer Kreislaufwirtschaft mit Flaschenpfand, Dachbegrünung und Dachfotovoltaik im derzeit von der „Umweltbilanz her katastrophalen" Bausektor für Privathäuser und Firmengebäude, statt „Riesenlöcher" für Stromtrassen „zu buddeln" oder immer nur kurzfristig Strom für einen festen Preis einzukaufen. Eine sinnlose staatliche Belohnung ist für Herrn Norbert, Energiekonzerne, die „jahrzehntelang Strom produziert haben" dafür zu belohnen, sich umzustellen. Wenn sie das „aus Sicht des Kapitalismus betrachten würden", sagt Herr Norbert, „würden sie ganz natürlich auf die Idee kommen, beispielsweise mit der Produktion von Atom- oder Kohlestrom aufzuhören. Natürlich waren bestimmte Energiekonzerne früher („bei Adenauer") nur Betreiber staatlicher Energieversorgungsaufträge, aber nun „den Rückbau, für den sie auch selbst verantwortlich sind, zu vergolden", „verstehe ich einfach nicht", sagt Herr Norbert. Für ihn muss es „einen Dreiklang geben aus Bildung, damit alle mitgenommen werden, Anreizen für die Bevölkerung, umweltbewusster zu leben und zu handeln und Reglementierung der Industrie, damit sie das tun was notwendig ist", „das einzuhalten, was mit dem Pariser Klimaschutzabkommen ratifiziert ist".

Schön wäre, alles Gute käme von innen, und ganz von allein heraus. Über staatliche Strafen in Sachen Umweltfrevel, „wenn es die gibt", „weiß ich gar nichts", sagt Frau Emilia. Für sie wäre es jedoch „cooler, wenn man es hinkriegen würde, dass Leute so etwas (wie Umweltfrevel) gar nicht machen müssen, damit man die gar nicht bestrafen muss". Sie ist „allgemein nicht so der Fan von Belohnung und Bestrafung", auch wenn sie weiß, dass es „immer wieder vorkommt", dass „irgendetwas gemacht wird". Sie fände es, wiederholt sie, „einfach cool", wenn jede und „jeder aus sich heraus wollen würde, dass unsere Erde und wir als Menschheit noch superweit leben können". Auch wenn sie weiß, dass manche Leute „das einfach nicht wollen", oder „nicht aus ihrem Denken herauskommen" oder „total blocken". Staatliche Belohnungen können, wie bei der „Abwrack-Prämie" auch „in die falsche Richtung" gehen". Besser sind stattdessen bspw. „Bahn-Karten", „die billig sind". Staatliche Belohnungen hält Frau Mara „definitiv" für effektiver als Bestrafungen, weil sie „von Grunde auf davon überzeugt ist", dass etwas am besten gelingt, wenn es „von sich aus motiviert ist". Wenn „ich intrinsisch sage: Ich glaube, das ist das Beste, was ich tun kann, also tue ich es". Mittels Bildung kann sowohl das dafür notwendige „Wissen" als auch die dazu gehörende „Empathie, Mitgefühl und Respekt" vermittelt werden. Ein Belohnungssystem unterstützt das, weil es „an ein positives Grundgefühl und Zufriedenheit" gerichtet ist. Sanktionen und Strafen führen eher „in eine Abwärtsspirale: Ich kann sowieso nichts machen. Ich mache alles falsch." Denn das „haben wir alle gelernt: Egal was du tust, es ist falsch." So „ganz platt", sagt Frau Mara. Und viele machen dann „irgendwann eher lieber gar nichts".

Eine große Belohnung ist immer Geselligkeit. Hauptanreiz für Herrn Clemens, der sich über das Gesagte hinaus nicht zu staatlichen Anreizen äußert, ist Geselligkeit im Alter, die durch die gemeinschaftliche umweltorientierte Hilfe zur Selbsthilfe des Recyclings technischer Geräte entsteht. Anderen Menschen das Recycling nahe zu bringen, ihnen etwas zu „zeigen" und sie anzuleiten ist ihm ebenso wichtig wie das Abnehmen von „Reparaturen" und Helfen und der damit verbundene Dank bzw. die damit verbundene Anerkennung. Hilfreiche Anreize sind für ihn Spenden für („weihnachtliche") Gemeinschaftsaktivitäten und (möglichst „unentgeltliche") Raumnutzungsmöglichkeiten.

Methodenkritik und Ergebniszusammenfassung

Nach der Auseinandersetzung mit der Wirksamkeit staatlicher Strafen brachten die Interviewpartnerinnen zur Frage, für wie effektiv sie staatliche Belohnungen und für effektiv sie staatliche Bestrafungen in Sachen Umwelt halten, Argumente zur Effizienz staatlicher Belohnungen.

Die Auswertenden erwarteten nach Sichtung der auswertungsbezogenen Expertinneninterviews, dass staatliche Belohnungen für wirksam gehalten werden.

Tatsächlich zeigen das auch die Antworten der Interviewpartnerinnen: Staatliche Unterstützung kann Ungleichheiten verringern und hat, begrenzt von Werten, Einstellungen und Motivationen sowie Marktmechanismen eine gewisse Wirkung.

Diesen Antworten lasst sich erhebungsmethodenkritisch wenig vorwerfen, konnten Befragten nach ihrem deutlichen Contra zu Bestrafungen und ihrem deutlichen Pro zu Belohnungen frei und offen Argumente für staatliche Belohnungen, Förderungen und Unterstützungen sowie ihre Effektivität bringen.

Effektive Belohnungen sind für die Befragten bspw. staatliche Fördermittel.

Diese Belohnungen helfen insbesondere finanziell nur gering ausgestatteten Bevölkerungsschichten, sich umweltförderlich zu verhalten. Und sie kommen Umweltengagierten zu Gute, insbesondere wenn durch sie noch nicht umweltförderliche agierende Personengruppen und Umweltengagierte zusammengebracht werden.

Allerdings können staatliche Belohnungen auch unwirksam ins Leere laufen, wenn ihnen Werte und Einstellungen in der Bevölkerung entgegenstehen.

Staatliche Belohnungen wären nicht notwendig, würden Preise und Märkte umweltförderliches Verhalten befördern, so die Befragten.

Die Interviewpartnerinnen wünschen sich mehr als staatliche Bestrafungen und Belohnungen intrinsische Motivationen für die Umweltförderung.

Möglicherweise gelingt dies, wenn es durch staatliche Unterstützung zu mehr Gemeinschaftlichkeit kommt.

4 Vor allem aber: Kein Zwang!

Eine zentrale Frage der Studie war die nach den notwendigen Arten des Zwangs, die zur Rettung der Umwelt gebraucht werden.

1 Welche Art Zwang notwendig ist, und was er bringt

Gesetze sind Voraussetzung von Zwang. Für Frau Berta bedarf es „definitiv, definitiv" und „absolut" der Anwendung von Zwang wie bspw. das Verbot von Plastikeinkaufstüten im Handel. Es dürfte ihres Erachtens nichts mehr zum Essen „To Go" dazugeben: kein „Besteck" aus Plastik und keine „Serviette zum Eis", für sie Ausdruck einer schlechten Gewohnheit des „Kulturkreises". Aber auch „allein darüber zu reden kann schon viel bringen", so Frau Berta. Frau Berta ist gegen Zwang bzw. „Gegenbewegungen", sondern eher für ein „Pro" bzw. „Probewegungen", die „vorschreiben" sollten, was wie zum Kauf angeboten werden muss. Herr Clemens fordert als Zwang Gesetze für „langwertigere Güter". Aber ihm ist auch wichtig, an die Kultur, Werte und Erfahrungen der Menschen anzuknüpfen und sie für den Umweltschutz zu „sensibilisieren", statt allzu viel zu kritisieren. Herr Clemens möchte statt der Anwendung von Zwang und des Übens von Kritik lieber „sensibilisieren", dass man etwas „vorlebt, vorlebt" und „heranführt" und „zeigt".

Gegen illegale Aktivitäten helfen nur wirkliche Kontrolle, und die sind notwendig. Zwang zur Rettung der Umwelt findet Frau Herta „nicht so gut". „Leute sollten etwas freiwillig tun", denn „wenn sie gezwungen werden", etwas zu tun, „werden sie es anderer Stelle doppelt so schlimm machen". Sie könnten, bspw. „extra irgendwie immer fliegen", „und nicht darauf achten", weniger zu fliegen. „Aber wenn sie überzeugt werden", so Frau Herta, würden sie ihr umweltschützendes Verhalten auch „ an ihre Mitarbeiter, an ihre Freunde und ihre Familie" weitersagen und „weitertragen". Ansonsten würden sie sagen: „Hey, wir dürfen nicht fliegen. Das nervt." Zwang findet Frau Herta nur bei Verbrechen, umweltschädigende Straftaten gut. „Das sollte auf jeden Fall bestraft werden, da gehört auch ein Zwang dazu, dass das untersucht und verfolgt wird", so Frau Herta. Z.B. bei Umweltverschmutzung mit Öl und zur Einhaltung von Grenzwerten bräuchte es „eigentlich auch dringend noch eine größere Infrastruktur, mehr Kontrollorgane, mehr Kontrolle", „vielleicht auch noch mehr Leute" und „spontane Kontrollen". Damit nicht, wie Frau Herta als „unmögliche" Sache in einer öffentlichen Einrichtung erlebt hat, „an dem Tag, an dem Kontrollen sind, einfach alles passend gemacht" und so „nicht ernst genommen wird". Selbst würde Frau Herta eher „auf Bildung setzen". Wie eine internationale NGO, die sie erlebt hat, und die Umweltschutz bei ihren kulturellen Events praktiziert und dadurch zeigt „wofür sie steht", so dass manche „Leute das schon mal wissen und dann irgendwie sogar untereinander klären: Hey, das ist nicht cool, was du da tust. Ich würde mich freuen, wenn du das wegmachst". „Das reicht" aus Sicht von Frau Herta, das „produziert ein schlechtes Gewissen, das trägt zur „Sensibilisierung" bei. „Aber nicht, wenn da steht: Zigarettenstummel auf den Boden werfen verboten". Weil es „genug Leute" gibt, „denen das egal ist", so Frau Herta. „Die scheißen auf Regeln."

Zwang führt zur Beteiligung an schonendem Wirtschaften und der Kreislaufwirtschaft. Die Einführung des Flaschenpfands war für ihn eine Art von Zwang der „Masse, umweltbewusster zu handeln". Dabei geht es nicht darum, Verpackungen dorthin zu bringen, wo sie gekauft wurden, sondern „sie zwingen, sie dahin zu bringen, wo sie dem Kreislauf wieder zugeführt werden". „Damit Menschen sich gezwungen fühlen", ist es auch notwendig „dementsprechend hohe Strafen zu verhängen". Die Industrie ist zu „zwingen, Produkte möglichst umweltschonend an den Mann zu bringen" wie beispielsweise in Gläsern (Auch „ein Klassiker", sagt er.), und nicht in „Mehrfachverpackungen". Möbel, die früher „ein Leben lang gereicht haben", kommen mittlerweile „nach zehn Jahren aus der Mode". Die gehören „in zweite Hände, über Second-Hand-Läden", sagt Herr Norbert.

Allein die Trennung von Staat und Wirtschaft bzw. Politikern und Unternehmenslobbyisten würde schon helfen. Herr Friedrich ist „kein großer Fan von Zwang", sondern „ein großer Fan von Aufklärung". Es lohnt weniger, Menschen zu etwas „zu zwingen" als vielmehr „Leute darüber aufzuklären, was ihr Handeln für Konsequenzen hat". Allerdings muss Politik „stärker vom Lobbyismus der großen Firmen abgegrenzt werden". Denn noch gibt es „Subventionen von Kerosin" für Flugzeuge. Allerdings bewirkt „das Bestrafen von nicht-nachhaltigem Verhalten mit stärkeren Steuern" oft das „Gegenteil". Besser ist es, tatsächlich nachhaltiges Verhalten mit Steuererleichterungen zu belohnen, z.B. durch eine unentgeltliche „Fahrkarte für den öffentlichen Nahverkehr".

2 Warum man gegen Zwang sein muss ...

... weil man persönlich dafür sein kann, aber mehr Verbote, Kontrollen und Strafen nichts bringen: Bei Zwang sagt Herr Ingo zwar „persönlich ‚Halt'!", aber „offensichtlich braucht es auch einen Zwang". Aber er ist, u.a. aufgrund des „geflügelten Wortes der Öko-Diktatur, „aus politischen Gründen recht vorsichtig", „irgendeine Art von Zwang oder politischer Einflussnahme zu präferieren". Er setzt „auch aus seiner Profession heraus", eher auf Umweltbildung, die „weiter unten" anfängt und ein „Umwelt- und Unrechtsbewusstsein ausbilden oder grundlegend anlegen" könnte, sei es bei Kindern und Jugendlichen als auch bei Erwachsenen. Anders als der frühere Heimatkundeunterricht, der „nicht gefruchtet zu haben scheint", bedarf es dafür heute „neuer Methoden, neuer didaktischer, tiefergreifender und weitergreifender Konzepte". Herr Ingo glaubt nicht, dass es „allein über Regularien" ginge, und hält Zwang auch „nicht

für das Zauberwort". „Ich glaube nicht, dass mehr Kontrollen und höhere
Strafen funktionieren", sagt er, auch wenn er „persönlich sagen würde: „Ja
klar, immer drauf." Trotzdem es verboten ist, stehen immer noch Leute auf
Garagendächern und säubern Asbestdächer oder sägen diese auf. Er hält
das für eine „verrückte Sache": „Das ist klar geregelt, aber trotzdem wird
es gemacht".

… weil Zwang umgangen wird: Zwang ist für ihn „ziemlich heikel und
schwierig zu diskutieren", aber in „bestimmten Bereichen denkbar sinnvoll". Aber es gilt, einen „gesunden Kompromiss zu finden" zwischen „der
individuellen Mobilisierung eines vernünftigen Verhaltens" und „gesetzlichen Vorgaben" und „gesetzlichen Sanktionen". Denn zu viele „Verbote" lassen „diese Umgehungstatbestände zunehmen", so Herr Ludwig,
„und man wird damit das Gegenteil bewirken". Zur Rettung der Umwelt
bedarf es dann und wann der Anwendung von Zwang. Die „einfachste"
Form von Zwangsanwendung besteht für Herrn Anton in Gesetzen und
Verboten. Wichtig sind aber auch das „Überholen" und „Gestalten" von
„moralischen Zwängen" wie das Zeigen, „Vorlegen", „Widerspiegeln"
und „Zurückspiegeln" von „Normen" und „Werten", von dem, „was
okay, und was gesellschaftlich nicht akzeptiert ist". Herr Anton relativiert
nach seinen Ausführungen zum Zwang dessen Wirksamkeit, weil seines
Erachtens „Verbote umgangen" werden.

… weil Menschen dagegen opponieren, und immer Gründe haben werden, sich nicht umweltförderlich zu verhalten: Zwang zur Rettung der
Umwelt ist für Frau Mara „ein schweres Thema", weil für sie der Mensch
einerseits ein „bequemes Tier, das eher den leichteren Weg geht", ist, und
andererseits „immer gerne selbstbestimmt sein möchte" und sich „gegen
irgendwelche Sachen wehrt, die aufgedrückt werden". Einerseits glaubt
sie, „dass man eine Menge machen kann", wenn der Autoverkehr durch
Besteuerung benzingetriebener Autos „sanktioniert" wird, auch wenn
„Menschen sich dadurch beschnitten fühlen und viel Unmut äußern"
werden. „Aber das muss man vielleicht auch aushalten", sagt Frau Mara.
Sie ist „unsicher, aber im Innersten des Herzens auch davon überzeugt
ist", u.a. weil sie aus einem Haushalt kommt, in dem immer behauptet
wurde: „Das kann ich mir nicht leisten. Das ist etwas für Reiche." Dabei
ist Umweltschutz ihres Erachtens „viel mehr als Sanktion oder Restriktion
oder Gesetz" „etwas, was man erlernen muss", etwas, das man Menschen

„irgendwie von klein auf, aber auch im Erwachsenenalter beibringen" kann. Deshalb gibt sie selbst auch gern Seminare. Richtig ist: Man muss auch manchmal Nachrichten „ausblenden, um ich zu schützen", aber „man muss sich auch bilden". Wie bei der Umweltbildung, die „als Pflichtfach ein bisschen schwierig" ist, denn „man muss, wirklich sehr feinfühlig, die Leute da abholen, wo sie sind". Und ihnen nichts aufdrücken, denn „dann erreicht man das ganze Gegenteil". Wie nach dem verpflichtenden Konfirmationsunterricht, durch den „kirchlich sozialisierte Jugendliche" „mit 18 Jahren sagten: Da habe ich überhaupt keinen Bock drauf". Frau Mara hat „an vielen Stellen erlebt, dass Druck und Zwang oft das Gegenteil erwirkten". „Eine Vorgabe oder Leitlinien sind gut", aber bei Pflicht und Zwang sagen die Menschen: Nein. Wenn die so kommen, mache ich das erst recht nicht. Dann mache ich das Gegenteil." „Das ist doch heikel", findet Frau Mara.

… weil Menschen dagegen opponieren könnten, und sich nicht verordnen lässt, was zu kaufen ist: Frau Emilia hat „keine Ahnung", wie Gesetze „genau aussehen sollten", die „die Leute ein bisschen mehr dazu motivieren, umweltschonender zu denken oder halt erstmal da irgendwie herankommen". Wenn ein Gesetz allerdings „keine Veränderung herbeiruft, braucht man kein Gesetz". Und wenn es „zu dolle ist, kann es schon sein, dass die Leute auf die Barrikaden gehen und sagen: Nein, da mache ich nicht mit." Gesetze müssen „verstehbar" und vor allem „nachvollziehbar" sein. Zwang sieht sie ausschließlich „komplett auf der Politikschiene". Denn sie „weiß nicht, inwieweit irgendeine (soziale) Bewegung Zwang auf die Industrie oder Politik ausüben kann", außer durch eine Art „Streik", den sie sich aber „nicht vorstellen" kann. Gesetze helfen wenig in Bezug auf die Lenkung der Produktion von „Firmen und Betrieben", denn „wenn die Leute das nicht kaufen, dann bringt es ja irgendwie leider in unserem kapitalistischen System auch nichts". „Das ist blöd, dass wir (das kapitalistische System) haben", so Frau Emilia, „aber es ist halt immer noch so."

… weil zu viel Zwang als Öko-Diktatur empfunden wird: Die Frage nach dem Zwang hält Frau Jana für eine „schwierige Frage". „Gesetzliche Regelungen" sind ihres Erachtens z.B. im Bereich Emissionsschutz „auf jeden Fall erforderlich". Solcherart Zwänge lassen sich „sicher auch ausweiten", sagt sie, aber das ist „umstritten", „wird immer als Öko-Diktatur bezeichnet", ist eine „Gefahr", die in ihrer „Öko-Blase" im eigenen „Umfeld" wenig wahrgenommen wird. In vielen Leserzuschriften sieht Frau Jana „ganz andere Auffassungen": „Pro Auto", „Für Freiheit um jeden Preis", für niedrige „Fleischpreise". „Das sollte man nicht unterschätzen", sagt sie und fragt sich, ohne zu wissen, ob das „unbedingt die Mehrheit ist", „wie weit man" mit Zwang „gehen kann, ohne die Bevölkerung zu verärgern, dass die ganz rechts wählen". Herr Daniel tut sich schwer mit Zwangsanwendung zugunsten der Umwelt. Denn „haben wir nur Zwang, haben wir keine freie Meinung" mehr, sagt er. Aber „mehr Gesetze", die bspw. „verbieten, ein eigenes Auto zu haben", den „teuren Verkauf" von Mietwohnungen an Investoren untersagen oder verunmöglichen, „Produkte zu kaufen, die weiter entfernt produziert wurden als eintausend Kilometer", hält er für gut. Zwang besteht für Herrn Daniel darin, das „Produzieren" oder das „Einkaufen" zu untersagen oder ein „generelles Verbot der Sache" durchzusetzen, auch wenn es ohne Gesetz geht. Die Strafe eines „Bußgeldes" oder „der Zwang, dass man etwas nicht machen soll" beinhaltet allerdings das Problem: „Jemand anders diktiert dich" dadurch!

… weil man mit „Ungemütlichkeiten" und Einschränkungen weiterkommt als mit Zwang: Zwang ist für Herrn Gerd nicht allzu sinnvoll, weil er „schnell zu einer Stärkung der Gegenbewegung" führt, weil „der Mensch Zwänge nicht so gern mag". Besser ist es, wenn wie in Amsterdam hohe Parkgebühren zirkulär – wie andernorts „Abfallprodukte" – „wiederverwendet" werden und man dieses Geld dort „in etwas Sinnvolles für die Stadt, in den Rad- und Fußverkehr" investiert. Dadurch, dass der Autoverkehr nicht besser, sondern „eher schlechter" und die „Fahrrad-Alternative die schnellere" wird, lassen sich „Leute zwingen". Zwänge für die „Industrie", wenigstens „indirekt Kohlenstoff einzusparen" sind „eine gute Sache", wenn die Mittel aus dem Emissionshandel tatsächlich in „Kompensationsmöglichkeiten" vor Ort und nicht in Projekte in anderen Ländern, „wo wir nicht wissen, ob die wirklich nachhaltig sind", investiert werden, und nicht nur „an die sympathischen Manager an der Spitze gehen". Herr Gerd hält „Zwänge auf jeden Fall für all das, was umweltschädigend ist, eigentlich für sinnvoll". Er würde „aber versuchen, nicht direkt mit Verboten" zu arbeiten, sondern eher für „Ungemütlichkeiten für Luxus" wie Autonutzung „für jede kleine Fahrt" zu sorgen.

... weil Rückbau und Beschneidung von Besitzständen und Möglichkeiten schmerzhaft als Ungerechtigkeit empfunden werden: Zwang ist für Herrn Karl „ein Leidensthema", weil es „aktuell noch viel zu einfach ist, so durchzukommen". Man kann „Schäden verursachen" und „merkt keine Konsequenzen davon". Das ist für Herrn Karl „ein großes Problem", ganz anders als beispielsweise bei Körperverletzungen wie „ins Gesicht hauen", das „direkt mit Sanktionen verbunden und gesellschaftlich geächtet ist". Herr Karl sagt: „Wir brauchen schon gewisse Sanktionen, aber sie müssen sozial verträglich sein", und mit einem „Ausgleich" verbunden. Wenn ein höherer CO2-Preis „tatsächlich das Verhalten beeinflusst", ist das seines Erachtens „gar nicht so schlecht". Es bedarf für ihn als – „nicht Marktliberaler" – „eher links Eingestellter" „konkreter festgelegter Regularien" und „eigentlich mehr Sanktionen". Damit die „Hürden" für ein Unternehmen vor Ort nicht höher sind als für ein Unternehmen im Ausland, ist „eigentlich ein globaler Konsens" wie die Sustainable Development Goals nötig. Das ist auch nötig, weil sich viele Länder wie China sagen, das „Klima interessiert uns einfach noch nicht so sehr", weil sie „gigantische" Kohlekraftwerke „wie in Deutschland in den 1960er Jahren" aufbauen und zunächst u.a. „den GAP zwischen ländlichen und urbanen Räumen" schließen wollen. Es ist immer zu fragen: „Wieviel bringen Sanktionen in einem lokalen Bereich, wenn ich eigentlich einen globalen Konsens brauche, der vor allem auf einer Werte- oder auf einer narrativen Ebene mehr ändert?" Herr Karl findet: „Weil nicht nur die nächste, sondern auch diese Generation existenzielle Probleme hat", ist „mehr Bildung, mehr Öffentlichkeit, mehr globales Bewusstsein" für die Umweltthemen notwendig. „Gesetze" und „Anreize" sind ebenso gut wie der „attraktivitätssteigernde Ausbau von Alternativen", denn wenn auch „ausdifferenziertere" und „bessere Angebote da sind, sind mehr Menschen bereit, Sanktionen mitzutragen, weil sie weniger invasiv sind", begründet Herr Karl seine „nicht komplett abschließende Haltung zu Sanktionen". Etwas „zurückzubauen, sagen die Leute, können wir nicht machen, das wäre total ungerecht", sagen nämlich viele, wenn es um den Rückbau von Parkplätzen und Spuren zugunsten von Radfahrern geht, und „wird immer als Zwang empfunden". So wie auch „eigentlich" als „Ausgleichsmechanismus" gedachte neuere Ampelschaltungen als „Eingriff in die Freiheit" gelten. Aber, so Herr Karl, „der Widerstand wird sich verringern, wenn die Ergebnisse positiv sind", nachdem etwas eingeführt wurde. Allerdings ist die Veränderung dann aber „eigent-lich" „nicht halbgar", sondern „konsequent umzusetzen", trotzdem es ein „Großteil der Bevölkerung" „erst einmal nicht cool findet", und trotz des „großen Problems" des „Gegenwindes". Viele nämlich „geben in tausend Umfragen an, dass sie Umweltschutz total geil finden", aber wenn es um die Straße oder den Parkplatz „vor der Haustür" geht, kommt es zu einem „schmerzhaften Prozess", „tut es doch weh", so Herr Karl.

Methodenkritik und Ergebniszusammenfassung

Um staatsbezogene Aussagen der Interviewpartnerinnen zu generieren, wurde im mittleren Teil des Interviews unter anderem danach gefragt, welche Arten von Zwang zur Rettung der Umwelt benötigt werden.

Erwartet wurde, auch aufgrund der auswertungsbezogenen Expertinneninterviews, dass Zwang notwendig ist, und es verschiedene Arten von Zwang gibt, um gegen bestimmte Umweltfrevel und umweltschädigende Verhaltensweisen bzw. bestimmte umweltschädigende Strukturen vorgehen zu können.

Die Vehemenz, mit der die Befragten der Notwendigkeit von Zwang grundsätzlich widersprechen und sich insofern kaum darauf einlassen, mögliche und vielleicht auch notwendige Arten von Zwang zu beschreiben, überrascht.

Diese Vehemenz ist aus Sicht der Auswertenden nicht erhebungsmethodisch geframt. Gerade weil der – angekündigte – Gegenstand des Interviews die nachhaltige Strukturierung der Gesellschaft war und die Frage nach dem benötigten Arten von Zwang als vierte Frage nach den Fragen nach dem umweltschädigenden Verhalten, den umweltschädigenden gesellschaftlichen Strukturen, dem Umweltfrevel sowie nach der Umweltcourage. Einzig die Verortung von Zwang als staatlichem Handeln war zu diesem Zeitpunkt der Befragung noch nicht eingeführt sondern wurde erst später mit der Frage nach den staatlichen Bestrafungen deutlicher angesprochen, sollte doch zunächst offen über Zwangsmaßnahmen nachgedacht werden; so das Ziel der Forscherinnen.

Nur in Ausnahmefällen argumentieren die Interviewpartnerinnen zwangsbefürwortend:

So können für sie bspw. Gesetze als Voraussetzung von Zwang gelten.

Zu den notwendigen und wirksamen Zwangsmaßnahmen gehören für die Befragten unangekündigte und konsequente Kontrollen.

Richtig dosierter Zwang motiviert Personen und Unternehmen, umweltförderlich zu wirtschaften und sich in die dafür effektive Kreislaufwirtschaft einzubringen.

Anders als Zwang würde aus Sicht der Befragten der Umwelt mehr helfen, Wirtschaftslobbyismus und demokratische Politik stärker voneinander zu trennen.

Die vielfältige, dichte und intensive Zwangsablehnung wird umfänglich begründet:

Auch wenn Befragte Zwang persönlich gutheißen, so ist er doch in der Regel unwirksam, u.a. weil Personen und Unternehmen Zwang umgehen, weil dagegen opponiert wird und es immer Gründe für nichtumweltförderliches Verhalten gibt.

Widerständiges Verhalten gegen Zwang einerseits und Konsumfreiheit andererseits, durch die es keine Konsumverordnungen geben kann, leisten einen Beitrag zur Unwirksamkeit von Zwangsmaßnahmen.

Als möglicher Aspekt einer Öko-Diktatur erfährt umweltförderlicher Zwang Ablehnung. Die Interviewpartnerinnen ziehen allgemeinere Einschränkungen der Zwangsanwendung vor. Denn umweltförderlicher Zwang bspw. durch Rückbau von Besitzständen und die Beschneidung von Möglichkeiten wird als Schmerz empfunden und als Ungerechtigkeit gebrandmarkt.

II.3 Ergebnisse 2: Lösungsansätze

1 Umweltcourage!

Eine zentrale offene Frage der Engagiertenstudie war die Frage nach spontaner Umweltcourage.

Umweltcourage ist unbeobachtetes Müllaufheben, und das eigene Umweltengagement. Das gelegentliche Einladen und Weiterverwerten von entsorgten technischen Geräten in der Natur ist für Herrn Clemens eine Form der Umweltcourage. Eine andere besteht darin, andere Menschen um nicht mehr verwendete alte technische Geräte zu bitten, um sie recyceln zu können, und so deren fälschliche Entsorgung in Mülltonnen zu verhindern.

Frau Berta ist in ihrer Wiederverwertungsselbstständigkeit „täglich" umweltcouragiert, für die sie immer wieder auch gebrauchte Bekleidung als Spende „sammeln" gehen muss (die dadurch in einem Wiederverwertungskreislauf „kreiselt"). Sie praktiziert das Aufheben und Mitnehmen des Abfalls anderer Menschen bei Spaziergängen, für sie eine „traurige, traurige" Angelegenheit. Umweltcourage besteht darin, beim Joggen, Verpackungsmüll einzusammeln und in Mülleimer zu entsorgen – auch wenn dieser Müll vielleicht nicht „hingeschmissen" wurde, sondern einfach nur „aus der Tasche gefallen ist".

Herr Daniel hat außerdem ein Auto, das seine Eltern nutzen, während er Fahrrad fährt. Dieses innerfamiliäre Carsharing ist für ihn Umweltcourage. Hinzu kommt die Nutzung von öffentlichen Carsharing-Möglichkeiten: Entgegen der Annahme, dass „immer weniger Leute Fahrzeuge selbst besitzen", so kritisiert er, gibt es aber zu Ungunsten der Umwelt „immer mehr Zulassungen".

„Plogging" ist für Frau Emilia Umweltcourage, das Sammeln von Müll beim Joggen. Auch wenn es wichtiger und „cooler so von Anfang an wäre, Müll zu vermeiden" und „Plastik einzusparen" und „zu Hause weniger Energie zu verbrauchen" und „mit dem Fahrrad zu fahren".

Herr Friedrich hebt „nachts" den Müll auf, wenn er spazieren geht. Aber er ruft auch zu Müllsammelaktionen bspw. nach Musikveranstaltungen auf. Er wünscht sich, dass „es generell mehr und mehr den Ansatz gibt, dass man Orte besser hinterlässt, als man sie vorgefunden hat".

Umweltcourage ist, sich an einer gemeinschaftlichen Abfallsammelaktion zu beteiligen. Frau Herta hat „eine Menge" Umweltcourage erlebt und praktiziert. Sie „sammelt manchmal einfach Abfall ein", zuletzt auf der Wiese bei einem Kulturfestival in ihrer Stadt, so dass es auf dem Gelände hinterher „bestimmt sauberer als vorher war". Umweltcourage wäre auch, „keine Werbung mehr für Zigaretten zu erlauben". Aus ihrer Sicht ist das Herstellen von Aschenbechern aus Zigarettenstummeln „nicht wirklich bis zum Ende gedacht", weil diese Aschenbecher im Prinzip „Sondermüll" sind. „So wird ein guter Gedanke verkauft", weil mit ihm „Leute wirklich etwas Gutes wollen, aber letztendlich etwas Schlimmeres tun, als eigentlich geplant". Umweltcourage ist für Frau Herta auch ihr Engagement in einer Baumpflanzinitiative, und die Rettung einer alten Telefonzelle aus dem Abfall zum Zwecke der Nachnutzung als öffentlicher Bücherschrank.

Umweltengagement ist Umweltcourage, weil es privaten Ressourceneinsatz und Anstrengungen erfordert. Die viele Zeit, die Herr Karl nach „acht Stunden Arbeit am Tag" in einem Umweltverein oder für eine Umweltdemo aufbringt, ist für ihn ein Ausdruck von Umweltcourage. Ein solcher „Aktivismus", eine solche zeitintensive „Investition von Ressourcen, die du auch anders nutzen kannst", ist für Herrn Karl „halt an sich schon Courage", auch wenn „diese Perspektive nur wenige andere mit ihm teilen würden", wie er „glaubt". Hinzukommt, dass auch „vegetarisch leben" „anstrengend" ist, und „unverpackt leben und einkaufen" noch „deutlich heftiger", ebenso wie das „ein riesiges Zeit-Commitment" erfordernde Zubereiten von „Rohlebensmitteln". Nicht zur Umweltcourage möchte Herr Karl das „Green-Washing" vieler Unternehmen zählen, für ihn eine Art „Ablasshandel" mit „bitterem Beigeschmack", auch wenn davon – wie auch von der „auch nicht gerade umweltfreundlichen Organisation" Kommune – Umweltinitiativen wie die seine beispielsweise Fördermittel für das Verleihen von Lastenrädern bekommt.

Umweltförderlich leben, erfordert verzichten. Umweltcourage in der eigenen „kleinen Blase" ist für Frau Mara das Engagement für unverpackte Lebensmittel, der „sehr vorbildhafte" Verzicht auf ein eigenes Auto, der Verzicht auf „riesige Reisen", der Verzicht auf „riesige Häuser oder riesige Wohnungen" (durch Tiny-House-Wohnen) sowie der Verzicht auf Fleischkonsum. Gerade im Verzicht auf Fleischverzehr sieht Frau Mara sehr viel stärker als beim „Verpackung einsparen" bzw. „Plastikmüll vermeiden" einen „ganz ganz krassen Umweltaspekt" mit ganz hohem „Impact". Sie ist „sehr sehr stolz" auf ein ökologisches Wohnprojekt mit elf Wohnparteien und drei Gewerbeeinheiten, in das sie mit einziehen möchte, für das aber andere, „mit schlaflosen Nächten", „zum Glück" mehr „den Hut aufhaben" als sie selbst.

Umweltcourage ist allein schon, privat umweltförderlich zu leben. Umweltcourage ist für Herrn Norbert das Engagement in seiner Umweltinitiative (Baumpflanz-Initiative) und seine „CO2-Vermeidung" durch „Fahrrad fahren", „Bahn fahren" und das Anbieten von Mitfahrgelegenheiten sowie die Unterlassen von Inlandsflügen.

Umweltcourage erfordert, auf verschiedenen gesellschaftlichen Ebenen ins Gespräch zu kommen. Umweltcourage hat für Herrn Gerd „wahrscheinlich viele Gesichter". Die einen engagieren sich für Baumnachpflanzungen, andere versuchen auch in ihrem Kulturverein möglichst nachhaltig zu agieren. So kann ein aus Zigarettenstummeln hergestellter Aschenbecher, durch den wiederum Zigarettenstummel für die Herstellung weiterer Aschenbecher gesammelt werden, auf „auf Umweltfrevel aufmerksam machen". Er selbst hat bereits in einem Projekt mit Bauern gesprochen, die mit Öl- und Benzinverlierenden Traktoren über Bio-Äcker fahren, und seinem Vater erklärt, „dass er nicht jedes Laubblatt aus dem Garten holen muss, weil es doch irgendwie gut als Mulch ist, für den Boden".

Nur für wenige Umweltengagierte ist Umweltcourage spontane (Gegen-) Reaktion, Kritik und Motivation zu umweltförderlichem Verhalten. Umweltcourage besteht für Herrn Ingo darin, „Leute darauf hinzuweisen", wenn sie „so mal ein Papier schnell mal fallen lassen". „Das machen wir", sagt er auch in Bezug auf seine Familie, „da fackeln wir gar nicht lange". Er selbst hat illegale Hausmüllentsorgung „schon angezeigt", auch anonym über ein kommunales Onlineportal. Aber selbst dessen Nutzung ist sicher für manche „hochgradig kompliziert", so dass eine „schlichtweg" telefonische Meldung auch möglich sein sollte.

Zur Verhinderung von Umweltfrevel bedarf es individueller Umweltcourage. Herr Anton hat „nur einmal" jemanden gebeten, seinen „Müll aufzuheben". Aber seine Arbeit bei der Umweltorganisation ist für ihn eine Form von Umweltcourage, weil er dort andere zu umweltschützendem Verhalten „anstiften" kann. Seine Wohngemeinschaft entschied sich – finanzielle Risiken in Kauf nehmend – relativ „spontan" für eine Photovoltaik-Anlage. Aber vieles, was er tut, tut er weniger „spontan", sondern eher „geplant". Umweltcouragiert sind seines Erachtens vor allem die jugendlichen Demonstrierenden der Fridays-for-Future-Bewegung, die für ihr Engagement die Schule schwänzen. Umweltcourage ist für Herrn Anton etwas anderes als „Zivilcourage".

Anzeigen kann Umweltcourage sein, und frustrieren. Umweltcourage ist für ihn, der „über viele Jahre in der Lokalpolitik aktiv ist", das individuelle Melden von „illegaler Müllverklappung". Weil es aber in den verantwortlichen Behörden mangels „Rückverfolgung und Finden des Verursachers" keine „Ermittlungserfolge" gab und die „Erfolgsquote bei null" lag, wurde die „Sinnfälligkeit" einer solchen Courage „an der Stelle sehr stark in Frage gestellt". Das hält Herr Ludwig für „das eigentliche Problem, dass die Intention, das zu tun, nachlässt, weil der Erfolg ausbleibt". Für ihn muss es einen „geschlossenen Kreis zwischen Tun und Resultat" geben, denn „immer nur arbeiten für nichts wird man nicht tun". Aber das ist seines Erachtens „nicht nur umweltseitig ein Problem", sondern auch für die zukünftige „Verfolgung solcher Sachen".

Umweltcourage bedarf v.a. motivational der Vergemeinschaftung. Auch wenn es „mutiger" wäre, sich „allein für Umweltschutz einzusetzen und zu äußern", findet es Frau Jana „einfacher", sich „in Verbindung mit anderen" bzw. „in Gesellschaft" umweltcouragiert zu engagieren, sei es durch die Teilnahme auf einer Fahrrad-Demo oder als Mitglied einer Genossenschaft. Frau Jana ist Mitglied mehrerer Genossenschaften in den Bereichen Energieversorgung, Wohnen und Geldanlegen. Gerade „wo man sein Geld eigentlich lässt, hat keiner so richtig auf dem Schirm" sagt sie, das ist „eine Nische". Denn es ist wichtig, dass man „Kredite nur für ökologische Projekte ausgibt".

Methodenkritik und Ergebniszusammenfassung

Nach den Fragen zum umweltschädigenden Verhalten, den umweltschädigenden Strukturen und den selbst erlebten Umweltfreveln waren die Interviewpartnerinnen aufgefordert, „zwei drei Beispiele spontaner Umweltcourage" ihrer selbst zu benennen.

Erwartet wurde von den Auswertenden, dass als Umweltcourage eine spontane kommunikative Reaktion des Widerstands gegen eine umweltschädigende Aktivität oder Aktion gilt. Die auswertungsbezogenen Expertinneninterviews legten ein solches Verständnis nahe.

Die Befragten deuten allerdings vorrangig ihr kontinuierliches Engagement als Umweltcourage.

Die Einführung des unbekannten Begriffes der Umweltcourage in das Interview muss kritisch gesehen werden.

Allerdings hat diese direktive Herangehensweise erst ermöglicht, dass sich die Befragten Überlegungen stellten, Umweltengagement auch aus der Perspektive von Zivilcourage, an die sich der Ausdruck begrifflich anlehnt, zu sehen. Nach den – normativ konnotierten, problembezogenen – Fragen nach umweltschädigendem Verhalten, umweltschädigenden Strukturen und Umweltfreveln empfanden die Interviewpartnerinnen die Frage nach der Umweltcourage als folgerichtigen, von der eigenen Person ausgehenden, Lösungsansatz.

Persönlich bereits realisierte Umweltcourage ist für die Befragten vor allem unbeobachtetes Entsorgen des privaten Mülls anderer Menschen.

Mehr noch als dieses sporadisch-spontane Verhalten wird das kontinuierlich-regelmäßige Umweltengagement von den Interviewpartnerinnen als Umweltcourage gedeutet.

Begründet wird dieses Verständnis damit, dass das eigene Umweltengagement des privaten Ressourceneinsatzes und auch einiger Anstrengungen bedarf.

Umweltengagiert zu sein bzw. – damit verknüpft – auch privat umweltförderlich zu leben, verlangt außerdem Verzicht.

Umweltcourage zeigt sich darin, dass Engagierte mit verschiedenen gesellschaftlichen Ebenen ins Gespräch gehen.

Umweltcourage als Gegenreaktion gegen umweltschädigendes Verhalten ist die Ausnahme und wenn dann eher Motivation zu umweltförderlichem Verhalten.

Umweltcourage kann legales, aber ebenso unbeobachtetes Anzeigen von Umweltschäden sein.

Ebenso wie Umweltengagement bedarf die Umweltcourage, will sie erfolgreich praktiziert werden, der Vergemeinschaftung.

2 Mehr Mitwirkendengewinnung

Wie lassen sich weitere Mitwirkende für den Umweltschutz gewinnen, wurden die Interviewpartnerinnen in der Engagiertenstudie gefragt.

2.1 Was motiviert

Allein das Schauen von Filmdokumentationen erschüttert schon, aber ferne Umweltschäden holen die Menschen noch nicht da ab, wo sie sind. Mitwirkende finden sich für Frau Emilia dadurch, dass sie – wie bei der Entscheidungen, vegetarisch zu leben – „ganz klassisch" „so Dokumentationen geguckt haben", die „manchmal echt packend sind". Wenn jemand dabei im „richtigen Modus ist, dann kann das wirklich was bewirken", so Frau Emilia, „aber es wirkt nicht bei jedem". Ein Problem der Mitwirkendengewinnung ist es, dass „das Negative, also der Umweltfrevel, nicht sofort Auswirkungen auf dich als Person hat", aber „sofort auf die Umwelt". Es ist „dadurch schwer zu verstehen", das man bestimmte Handlungen „eigentlich gar nicht hätte machen dürfen". Da nützt es auch nichts und „funktioniert nicht", nur die Folgen „anschaulicher" darzustellen oder anzusprechen. Besser ist es, „die Leute einfach mit so Sachen anzusprechen, die für sie wichtig sind", denn jemand „in der Stadt", „auf dem Dorf" oder „in seinem Verein", der sich bspw. „für Fußball engagiert", „braucht vielleicht anderes als der andere".

Mitwirkende werden durch Informieren und Zeigen gewonnen. Das Vermitteln von Informationen und Wissen, aber auch „einfach immer wieder" das „Zeigen" motiviert mitzuwirken, denn es gibt viele Interessierte, wie Frau Berta auch die steigende Nachfrage nach veganem Essen bzw. nach ihren Upcycling-Bekleidungsstücken zeigt.

Durch „Informationen" darüber, „was schiefläuft" und welche „Lösungen" möglich sind, können Mitwirkende für den Umweltschutz gewonnen werden, so Herr Anton. Menschen sind gut zu motivieren, wenn man ihnen aufzeigt, „was sie gleich heute tun" und wie sie sich „in kleinen Sachen" umweltschützend verhalten können.

Umweltschützer werben Umweltschützer, aber: Wer Mitwirkende gewinnen will, muss auch überzeugen! Mitwirkende für den Umweltschutz gewinnt Frau Mara über Umweltbildung, ihr „Steckenpferd", aber auch über „Netzwerkarbeit", durch das Erreichen von Menschen nach dem „Schneeballprinzip". „Wenn ich drei Leute wirklich überzeuge, dann werden die das auch drei Leuten erzählen, und so weiter", sagt sie. Mitwirkende für den Umweltschutz werden durch „Kunden werben Kunden" gewonnen, so Herr Daniel. „Wenn andere Leute sehen, der macht das", sind sie „eher motiviert, das auch zu machen". Gut ist auch, wenn die anderen untereinander „reden", denn so ist der „Buschfunk-Effekt doch viel größer als Werbung an sich". („Zettel an die Haustüren dranzumachen" zu Einsparungsmöglichkeiten bringt demgegenüber eher „nichts", so Herr Daniel.) Besser ist es, wenn jemand, der näher an einem dran ist, und z.B. „bei der solidarischen Landwirtschaft" einkauft, davon erzählt. Wenig überzeugend ist es dagegen, mit der Einsparung „einer halben Tonne CO2" zu werben, „mit der keiner etwas anfangen kann, weil sich keiner eine halbe Tonne CO2 vorstellen kann", sondern von den „unglaublich gut schmeckende aromatischen Tomaten, die direkt von da

kommen und frisch sind" mit den Worten zu berichten: „So etwas hast du
noch nicht gegessen!" Denn dann wollen es andere „natürlich auch einmal
ausprobieren".

2.2 *Was wenig motiviert*

Aktionismus kann potenzielle Mitwirkende abschrecken. Herr Friedrich
ist sich unsicher, ob bspw. „Fridays for Future" „gute Arbeit" in Sachen
Mitwirkendengewinnung gemacht haben, weil sie „Straßen blockierten"
und unter anderem dadurch „teilweise Missmut in der Bevölkerung" her-
vorriefen. Höhere Mitwirkungsbereitschaft erzeugt es, durch „gut ver-
packtes Wissen" „einfach anschaulich zu zeigen", was in Bezug auf die
Umwelt „für Konsequenzen auf uns zukommen, und was wir dagegen
machen können".

Zu Etablierte, zu Radikale und zu Gebildete bringen nicht weiter. Für
Herrn Karl muss man nicht „verzweifelt" nach Menschen suchen, die man
dann „immer immer immer hat". Denn „besonders dann, wenn Strukturen lange existieren, wird es immer schwieriger, neue Menschen zu integrieren, weil die Strukturen meistens verkrusten". Menschen, die lange da
sind, sagen, „das haben wir schon immer so gemacht, passt schon so",
und „neue Leute haben keinen Bock, dass schon immer Gemachte einfach zu wiederholen". Da fehlt „Offenheit" in den Organisationen, sagt
Herr Karl, aber sie sollten auch nicht zu „ausdifferenziert" und „dürfen
auch nicht zu radikal sein" wie mittlerweile viele Gruppen von Fridays
for Future nach ihrer Phase der „Wissensaneignung", „so dass sie ganz
viele Menschen gar nicht mehr mitnehmen können". Sehr „hoch in Kli-
mabildung drin sein", sagt Herr Karl, „wirkt total abschreckend" und ist
„nicht mehr anschlussfähig, um eine Mehrheitsbewegung zu gründen".
Ebenso wenig lassen sich Engagierte „vor irgendwelche Planungsunterla-
gen setzen". Besser ist „Identifikation", eine „soziale Ebene", etwas „mit
Freunden zu machen", „mit denen ich Bock drauf habe" und mit denen es
„in irgendeiner Form Spaß macht", so dass eine „total wichtige Spaßkom-
ponente" dabei ist. Es muss „nicht hardcore fachpolitisch sein", sondern
zunächst einmal „Kultur", mit „ganz netten Menschen", „sozialen Integ-
rationspunkten", „niedrigschwelligem Zugang".

Zu viele Formalia, zu wenig direkte Beziehungen und zu wenig Offenheit helfen wenig. Frau Herta empfiehlt, Mitwirkende für den Umweltschutz durch „Kommunikation, direkte Ansprache" zu gewinnen. Über „Zeitungswerbung" und „Social-Media-Kanäle" ist „noch nie" oder zumindest „selten jemand Umweltgruppen beigetreten". Es ist nötig, immer wieder offene Treffen anzubieten, aber „dauerhafte Kernmitglieder kriegt man nur durch direktes Erzählen". Die Menschen können nicht, wenn es „viele feste Regeln gibt" (Strafen für Zu-Spät-Kommende, Sitzungsleitungspflichten), und wenn nur „langweilige Spießer" vor Ort sind. Da haben viele „keinen Bock drauf". Es bedarf „immer einer Aussicht auf Spaß", „einer lockeren Atmosphäre", der Beteiligung aller, wo „keiner sagt, das *müssen* wir jetzt so machen". Dazu gehört auch, Menschen mit bestimmten Ansichten oder bestimmten Parteizugehörigkeiten wie der AfD von Umweltprojekten auszuschließen. Denn nur so „erkennt jemand irgendwann selber, was richtig ist und was falsch".

2.3 Wie es gelingt

Mitwirkende brauchen kulturelle Ansprache. Auch Mitwirkende für Umweltengagement können über solche Orte der Kunst und Kultur, über „Kulturschutzgebiete", zu denen „Menschen gerne hinkommen" gewonnen werden. Orte, an denen man lernen kann: „Alles ist verwoben" (wie die Cola-Industrie, Trinkwasserplastikflaschen, Trinkwasserknappheit, Flüchtlingsströme, Frontex und Mauern). Orte, die „erlebbar machen", wie Komposttoiletten funktionieren. Orte, die „interessant sind, kreative Menschen anlocken, und auch auf Problematiken hinweisen in einer Form von Kunst und Kultur". Denn „Kunst darf ja alles", „halt auch alles wirklich kritisieren". Orte, an denen sich Menschen auch ohne oder mit nur wenig Geld künstlerisch oder als Veranstalter engagieren können, und die man „so über etwas anderes bekommt, als das, was man ihnen eigentlich vermitteln will". „Weil man ihnen Werte mitgibt". Weil es „immer am besten ist, wenn die Leute selber zur Einsicht kommen".

Mitwirkende werden zum einen durch Netzwerkbildung von Gleichgesinnten, zum anderen durch Projekte für unterschiedlich Interessierte gewonnen. Wie Mitwirkende für den Umweltschutz gewonnen werden können, lässt sich gut bei Fridays for Future beobachten. Nach dem

„Graswurzel-Prinzip" wurden dort „ganze Netzwerke neu geknüpft", entstanden dort „ganze Kleinparteien", „von unten heraus und neu". Staatliche Programme und Projekte „eröffnen" daneben aber auch „Möglichkeiten", auf „neue Bevölkerungsgruppen und Milieus" zuzugehen, damit sie sich „mit dieser Thematik auseinandersetzen" (was wiederum „Druck auf staatliche Strukturen ausübt"). Es ist nicht möglich, „mit dem ökologischen Zeigefinger" zu verbieten, „Gras niederzutreten, weil der und der Schmetterling gerade auf der und der Blüte sitzt" oder nur zu zeigen, wie man „Erdbeeren anpflanzt", sondern mit ökologisch-kulturellen Gärten z.B. „natürliche Oasen in städtischen Strukturen" und so einen „Überschneidungsraum von Bedürfnissen und Notwendigkeiten" zu schaffen. So etwas ist auch „wichtig, neben den Hauruck-Aktionen" von Fridays for Future, so Herr Ingo.

Neue Mitwirkende brauchen Gemeinschaftsaktivitäten. Durch Aktionen wie „das Elbufer sauber machen" oder das „Wohngebiet auffrischen" können Mitwirkende gewonnen werden. Dabei muss gezeigt werden, dass ein umweltpolitisches Engagement „Freude macht". „Die, die nicht wollen, sind nicht zu werben", so Herr Clemens. Aber es sind „erstaunlich" viele bereit mitzumachen, wenn sich erst einmal „Initiatoren" gefunden haben, die etwas „vorleben".

Jede und jeder muss sich individuell einbringen können. Mitwirkende für den Umweltschutz lassen sich gewinnen, wenn man das für die Umwelt „Nützliche mit dem Angenehmen verbindet", so Herr Norbert. Für ihn arbeiten „nur Freaks" „sechs Stunden" im Umweltschutz „und fahren dann durchgeschwitzt und dreckig nach Hause". Besser sind beispielsweise in der Baumpflanzinitiative „Pflanz-Partys", bei denen „gefeiert wird", denn das „stärkt den gesellschaftlichen Zusammenhang". Gut ist, wenn sich alle mit ihren Talenten einbringen, denn irgendjemand kann „gut backen", Cocktails mixen oder fotografieren, wieder andere „im Alter" spenden oder stellen Flächen zur Verfügung. Als Anerkennung, denn weil „jeder gut dastehen will", gibt es für die Mitwirkung „Urkunden". Durch die Veranstaltungen lässt sich „das Menschliche beachten", entstehen „ganz viele Bindungen", denn der „Mensch ist ja ein soziales Wesen", so Herr Norbert. Angesprochen und eingeladen werden die Menschen über verschiedene mediale Kanäle.

Für die Umwelt *und* für Spaß sowie online *und* analog engagiert sein, motiviert! In ihrer Umgebung gibt es viele neu gegründete Umweltinitiativen. Mitstreiter lassen sich aus Sicht von Frau Jana finden, wenn man vielleicht „nicht unbedingt den Umweltgedanken als vordersten hat". Es muss – wie bspw. in Repair-Initiativen oder Kleider-Tausch-Börsen – auch um „Spaß an der Sache" gehen, darum, etwas „Sinnvolles zu machen", um ein „Gemeinschaftsgefühl". Mehr Mitglieder lassen sich auch gewinnen, wenn manches „mehr publik wäre", „nicht nur über Facebook", sondern auch über „ein paar analoge Wege", gerade für die die „nicht so affin sind im Internet".

Aber: Damit die Mitwirkendengewinnung nachhaltig gelingt, müssen neue Leitbilder her. Mehr Menschen für den Umweltschutz zu gewinnen, ist für Herr Ludwig „relativ einfach", wenn die „klassischen Leitbilder der Gesellschaft" geändert sind, dass nicht der „der Beste ist, der die meisten Ressourcen verbraucht", und „der Schnellste", der „Höchste gewinnt und angesehen ist". „Falsch", sagt Herr Ludwig, „wer die wenigsten Ressourcen verbraucht, gehört auf das Podest mit der Nummer Eins".

Methodenkritik und Ergebniszusammenfassung

Einen Teil des Abschlusses der Interviews bildete die zivilgesellschaftliche Frage danach, wie sich weitere Mitwirkende für den Umweltschutz gewinnen lassen.

Die Auswertenden erwarteten, weil dies die auswertungsbezogenen Expertinneninterviews nahelegten, Antworten vor allem auf der Wissens- und Einstellungsebene, z.B. dadurch, dass Menschen erkennen, wie lebenswert Städte mit reduziertem Autoverkehr sind.

Stattdessen fokussieren die Interviewpartnerinnen vor allem auf praktische Verhaltensweisen zur Mitwirkendengewinnung.

Erhebungsmethodisch sind diese Antworten nicht zu beanstanden.

Die Faktoren für die Mitwirkendengewinnung wurden den Befragten frei und offen zusammengetragen.

Das Schauen von Filmdokumentation über Umweltschäden erschüttert emotional, wichtiger für die Mitwirkendengewinnung ist allerdings, an den Bedürfnissen der Menschen anzusetzen.

Neue Mitwirkende werden vor allem durch Information über und Zeigen von umweltförderlichem Verhalten gewonnen, so die Befragten.

In der Regel werben Umweltengagierte Menschen, die für den Umwelt-schutz bereits offen sind. Aber auch diese wollen erst wirklich überzeugt werden.

Zu starker Aktionismus sowie zu etablierte, zu radikale und zu wis-sende Umweltengagierte schrecken allerdings eher ab.

Auch zu viele Formalia in der Verbandsarbeit mit zu wenig Beziehungs-pflege und zu wenig Offenheit für eigene kreative Umweltförderungsideen bringen nicht weiter.

Vergemeinschaftung durch gemeinschaftliche Aktivitäten ist der Kern der Mitwirkendengewinnung.

Neue Mitwirkende werden interessiert, wenn sie sich kulturell ange-sprochen fühlen.

Die Netzwerkbildung von Gleichgesinnten sowie Projekte für unter-schiedlich Interessierte tragen zur Mitwirkendengewinnung bei.

Die angesprochenen Personen müssen sich individuell einbringen kön-nen, etwas für die Umwelt und für den eigenen Spaß, ob analog oder on-line, tun können.

Hintersetzt werden muss die Mitwirkendengewinnung mit neuen umweltengagementförderlichen Leitbildern.

3 Umweltförderlichere gesellschaftliche Strukturen

In der Studie wurde gefragt, wie die Gesellschaft zur Rettung der Umwelt strukturiert werden müsste.

Strukturierung ist Aufklärung, Umweltschutz bedarf sowohl einzel-ner Aktionen als auch hoher Stetigkeit. Es braucht, so Herr Friedrich, „eine Aufklärung", so dass es „allen Leuten" bzw. „auch dem Letzten" nicht „schwerfallen" bzw. kaum möglich ist, „weiter wegzusehen". Dann „kommt es zu einem Umdenken". Voraussetzung ist ein „stärkerer Lob-byismus für die richtigen" umweltschützenden „Parteien" sowie Wissens-vermittlung „auf leichte verdauliche Art für die normale Bevölkerung" wie bspw. in „Filmen". „Fingerschnipp"-Aktionen wie auch stetige Prozesse sind notwendig, um die Welt zu retten. Für Frau Berta gehört dazu auch „die absolute Wahrheit", dass „nichts beschönigt" wird über den Zustand der Welt.

Aufgeklärt werden muss über Selbstverständlichkeiten und Narrative sowie die gesellschaftlichen Folgen des Klimawandels und seiner Bearbeitung. Eine umweltschädigende Struktur ist für Herrn Karl beispielsweise die „aktuell für viele Menschen sehr abschreckende und auch nicht wirklich ökologische" Stadtstruktur, die vom „wirtschaftlich dominanten Narrativ der Auto-Nation" geprägt ist. Zu diesem Narrativ gehören „viele kulturelle Sachen" und die Vorstellung, „Deutschland lebt von den Arbeitsplätzen in der Autoindustrie, obwohl auch die Fahrradindustrie und der zugehörige Dienstleistungsbereich „ein immenses Wachstum erlebt hat", ebenso wie die „Solarproduktion", die „keine Sau interessiert" und wieder „komplett zusammengebrochen ist". Das Selbstverständnis und die „Kulturalisierung als Auto-Nation spielt in Deutschland eine große Rolle", so Herr Karl. Deshalb ist „Autobesitzen Status" und neben vielen zugehörigen, „kulturalisierten, normalisierten Praktiken, die umweltschädliches Verhalten legitimieren", „fast schon ein Mindeststandard". Auch in „eigentlich progressiven Kontexten wie der Universität" muss Herr Karl als Vegetarier immer noch „oft Milchreis oder nur das Gemüse nehmen". Für ihn lautet aber „zeitgleich" auch die Frage, wie die Klimakrise ohne „komplett soziale" Probleme bearbeitet werden kann, durch die „es halt einfach sehr vielen Menschen schlecht gehen" würde.

Sinnvoll wären Umweltbeauftragte in jeder Organisation, und für Parteien ein Umweltbeirat. Als gesellschaftliche Strukturierung zur Rettung der Umwelt schlägt Frau Herta als „lustiges Konzept" vor, dass „jede Initiative einen Umweltdelegierten hat, der nicht jede Woche etwas machen, aber das Thema Umwelt immer mitdenken muss". Auch in der Politik müsste es einen „Umweltbeirat" geben, damit „die Umwelt nicht politisch missbraucht, sondern immer kontrolliert und evaluiert wird" und nicht nur „irgendein Thema eines Wahlprogramms ist", weil „man es nicht wirklich parteiisch diskutieren sollte". Natürlich wird es in einem solchen Umweltbeirat der Politik „parteipolitische Leute geben", so dass vielleicht ein wissenschaftlicher Beirat, der „diese Parteien irgendwie berät" besser wäre. Ein Beirat, der „eine Stimme hat", denn „ohne Stimme macht das keinen Sinn", glaubt Frau Herta.

Die gesellschaftliche Strukturierung muss angebotsseitig beginnen. Strukturen zur Rettung der Umwelt sind für Herrn Anton vor allem „Angebotsstrukturen" wie „Bio-Märkte", „Bio-Tante-Emma-Läden",

„ÖPNV", „unverpackt" und „plastikfrei". Für ihn gibt es viele „Dinge, die die Menschen nicht selbst beeinflussen können" und die auch nicht von Gesetzen erfasst werden. Es kommt darauf an, Konsumentennachfrage und Angebot „auszutarieren", statt stetig gesellschaftlich darüber zu streiten, wer Verursacher von Umweltschädigung ist. Vieles, so Herr Anton, was sich Konsumenten wünschen, wird einfach „nicht angeboten" und gibt es einfach nicht zu kaufen.

Freie Märkte mit gleichberechtigten Teilnehmern sind eine gute Struktur. Herr Clemens hält es für notwendig, gegen „Lobbyisten einiger Industriezweige" vorzugehen, die immer wieder Märkte unter sich aufteilen und Kartellabsprachen treffen wie bspw. die Glühlampenhersteller in den 1920er Jahren, die eine geringe Haltbarkeit ihrer Produkte verabredet hatten.

Es bedarf neuer Orientierungsmuster und Technologien, und nicht der Vergesellschaftung von Lasten. Zur Umstrukturierung der Gesellschaft müssten für Herrn Ludwig die „nicht umweltorientierten", „nicht nachhaltigen" und „verbrauchsorientierten" „Orientierungsmuster" „umgedreht" werden, nach denen es als „Erfolg" gilt, wenn jemand „ein besonderes großes Auto" oder „Grundstück" oder „Haus" hat, was „qualitativ" nicht ressourcenschonend ist. Für Herrn Ludwig ist „nicht ausgesprochener, aber gesellschaftlicher Konsens", „dass man nicht unendlich Ressourcen verbrauchen kann", sowohl „in der Industrie als auch bei den Vorreitern dieser Denkweise". Gesucht wird seines Erachtens ein „Schnittmuster" „für den Einklang von beidem", „vernünftigem Wirtschaften und nachhaltigem Agieren". Es gibt eine „dringende Notwendigkeit", „nicht über Quantität, sondern über Qualität" „Umwelttechnologien" für den „Umgang mit Ressourcen" und eine „Kreislaufwirtschaft" zu fördern. Dazu gehören einerseits „neue Technologien", anderseits aber auch, dass die „Privatisierung von Gewinnen und Vergesellschaftung von Lasten", die auch „in der Umweltpolitik nach wie vor Gang und Gebe sind", unterlassen wird.

Trennung und verantwortliches Handeln von Staat, Wirtschaftsunternehmen und Konsumenten. Zur Rettung der Umwelt muss in der Gesellschaft „die Politik unabhängiger von Lobbyismus werden und verantwortungsbewusster Gesetze erlassen und Regularien bestimmen". Die Wirtschaft ist „viel mehr in die Verantwortung dafür zu nehmen, zu zahlen, wenn sie umweltschädliche Dinge produziert oder umweltschädlich agiert" und einen „Ausgleich dafür schaffen". Und die Menschen brauchen (Klima-) Boni, wenn sie bspw. Metallflaschen kaufen, „halt Belohnungen", „ganz charmant, weil sie nicht gezwungen sind, das zu kaufen". „Weil sie dann die freie Wahl haben". Immer geht es um die „drei Ebenen Politik, Wirtschaft und Endkonsumenten".

Dass nicht nur diejenigen profitieren und sich durchsetzen können, die bis dato zwar umweltschädigend gewirtschaftet haben, nun aufgrund ihres Kapitals aber im Vorteil sind. Gesellschaftliche Strukturen müssen für Herrn Gerd dafür sorgen, dass nicht nur diejenigen, die bis jetzt „auf die Umwelt sehr sehr wenig Rücksicht genommen haben" und sich wirtschaftlich „einen ganz großen, immensen Vorteil verschafft" und einen „Geldspeicher" haben bzw. „voll auf Geld" sind, „die Luft verschaffen können, die sie brauchen, und das durchsetzen, was sie durchsetzen wollen".

Umweltförderliche Strukturen brauchen umweltförderliche konzeptionelle Grundlagen, auch jenseits der derzeitigen transport- und geldbasierten Wirtschaft. Herr Daniel wünscht sich zur Strukturierung der Gesellschaft „Superszenarien", die mehr als „bloße Symptombekämpfung" wie „Kopfschmerztabletten" bei „Kopfschmerz" sind und an den „Ursachen" angreifen. Seines Erachtens kann man „sich das Geld" für Bauingenieurforschungsprojekte „sparen", die Brücken für den LKW-Verkehr stabiler machen sollen, wenn nicht die Frage nach der Notwendigkeit des Imports und Exports gestellt wird. Denn „wenn alles lokaler aufgestellt würde, dann bräuchte ich nicht den LKW, der mir die Milch aus Berlin nach Aachen bringt", sagt Herr Daniel. Wichtig ist ihm, „mehr im Einklang mit der Natur zu wirtschaften", die Gesellschaft und „das Ganze lokal zu organisieren" und „viel mehr selbst zu reparieren und selbst zu bauen". Es ist notwendig, auch „Produktionsstätten zu dezentralisieren", auch wenn dadurch – „was mir zwar leid tut" für manche, so Herr Daniel – einige Firmen und ihre Angestellten „dann weniger verdienen", weil „niemand" anderes „profitiert außer man persönlich". Eine solche Verkürzung der Wertschöpfungskette macht nur Sinn, wenn die Menschen gleichzeitig selbst die „Zeit" erhalten, sich „sozial zu engagieren" und „selbst die Produkte herzustellen".

Verhinderung der gesellschaftlichen Spaltung durch Mitnahme aller durch Bildung. Die Gesellschaft muss zur Rettung „anfangen, die Bildung"

umzustrukturieren, so Herr Norbert. Es muss Werkunterricht, Heimat-
kunde und Kochunterricht geben, der „ganzheitlich" damit beginnt zu lernen, wie „sinnvoll eingekauft wird", „was eingekauft wird". All das gilt es
„sozusagen den Kleinsten schon zu vermitteln". Weil sich bei Fridays for
Future eher Gymnasiasten „aus besserem Elternhaus", „die Intelligenz"
engagieren, müssen für Herrn Norbert zur Verhinderung einer „Spaltung
der Gesellschaft" „auch Menschen mitgenommen werden", die „in ihrer
kleinen Welt leben, ganz andere Probleme betrachten" und „nicht über
den Tellerrand hinausschauen". So wie es eigentlich auch bei der Digitalisierung geschehen müsste, deren Folge bspw. „erst in der Zukunft zu merken ist", wenn die ersten digital unterrichteten Schülerinnen und Schüler,
die in der Pandemie „mehr oder weniger ein oder anderthalb Jahre Schule
verpasst haben", „auf den Arbeitsmarkt gespült werden. Das ist für Herrn
Norbert „eines Industrielands nicht würdig", so Herr Norbert. Auch die
„extreme Spaltung in links, rechts und öko" gilt es aus seiner Sicht zu
„verhindern".

Weniger False Balancing in Rundfunk und Presse. Da hilft auch keine
bessere Schulbildung, weil große Bevölkerungsteile keinen „formalen Bil-
dungsprozess durchlaufen" und in vielen Schulen wie der von Herrn Karl
„Umwelt nie Thema" ist. Als Journalist mit Orientierung an der „Repro-
duktionsperspektive" ist für ihn „Journalismus eines der wichtigsten
Werkzeuge, das wir haben, um in dieser Gesellschaft Demokratie durchzusetzen und Menschen generell zu allen möglichen Themen zu bilden" und
„zu informieren" und stets für Themen wie die Umwelt „mehr Öffentlichkeit zu schaffen". Auch wenn ein solcher Journalismus in Sachsen-Anhalt,
in dem die einzigen zwei Zeitungen einem großen Verlag gehören und sich
sogar die Landesregierung „gegen Öffentlich-Rechtliche ausspricht", „einfach absolut kaputt" ist. Es gibt viel zu viel „False Balancing", Gegenüber-
stellungen der unterschiedlichen Perspektiven von Klimaforschern und
Personen, die „behaupten, dass es das gar nicht gibt". „Das müsste man
im Journalismus beheben", sagt Herr Karl, denkt aber, das der „Journalismus das allein nicht tun wird, weil er gerade in einer kritischen Situation
ist". Besser ist vielleicht, dass auch hierzulande Influenzer für Klimaschutz
„sensibilisieren" und diesen so „normalisieren" und „einfacher machen".
„Klimafreundliches Verhalten" muss durch Sanktionen, Regularien und

Narrative mehr forciert werden, „als nichts zu tun", so Herr Karl, genauer gesagt „durch ein Dreieck aus Anreizen, Sanktionen und Bildung".

Strukturieren erfordert, Umwelterfordernisse mit gesellschaftlichen Entwicklungsmöglichkeiten auszutarieren. Das „Zauberwort" für gesellschaftliche Restrukturierung „ist immer Partizipation", so Herr Ingo, auch wenn es „relativ langfristig angelegt ist". „Aber die Leute müssen einfach mit in das Boot geholt werden, weil deutlich werden muss, dass es uns alle angeht bzw. für uns alle sinnvoll ist, die natürliche Umwelt so lange wie möglich am Leben zu erhalten." Es gilt, die Natur „in einem bestimmten Gleichgewicht mit dem zu halten, was wir als Kultur begreifen", sagt Herr Ingo. „Das steht dem Zwang ein bisschen entgegen". Herr Ingo sieht es als eine „kulturelle Freiheit" an, „als Mensch auf die Umwelt einzuwirken". Und „auf der anderen Seite" gibt es eine „Grenzziehung", weil das „nicht unbegrenzt möglich" ist. Dazwischen „Balance zu halten", ist sein „Gemeinschaftsprojekt". Nur noch Bäume pflanzen und Autos stehen lassen findet er „ökologisch und persönlich sinnvoll, aber nicht umsetzbar im Hier und Jetzt". Wichtig ist ihm, eher danach zu suchen, was „stattdessen möglich ist", „Anreize zu schaffen", und einen „anderen, neuen Mobilitätsbegriff zu erarbeiten": Muss man wirklich „Urlaub in XY verbringen", „an jedem Event teilnehmen", „überall hin?", fragt er, und will „der Mentalität" entgegenwirken, „dass immer alle unbegrenzt oft erreichbar sein müssen". „Neue Antriebstechniken" allein sind für ihn „nicht die Lösung", sondern eher ein neuer Mobilitätsbegriff. Oder ein alter, denn früher sah man „Oma, Opa und Verwandte auch bloß drei oder viermal im Jahr".

Ein gemeinschaftsbasiertes, abgestimmtes und bedürfnisorientierteres Wirtschaften mit mehr Zeitwohlstand wäre eine strukturelle Alternative zum gegenwärtigen Wirtschaften. Die Gesellschaft müsste zur Rettung der Umwelt „gemeinschaftsbasiert" strukturiert werden, in dem „nicht einfach nur ein Produkt gekauft wird", sondern die Gemeinschaft, deren Teil eine oder ein jede/r ist, gemeinsam die zu produzierenden oder zu erwerbenden Dinge plant „für ein Jahr". „Das ist ein komplett neues Wirtschaftssystem", das nicht mehr auf wenigen Firmen einerseits und Konsumenten andererseits aufbaut, so Frau Emilia. Ein solches System führt dazu, dass jede und jeder „irgendwann mal abgedeckt ist und alles hat und nicht irgendwie nach mehr Geld oder so streben muss". „Ob das realistisch funktioniert", weiß Frau Emilia nicht. Aber sie hat Interesse an der Gründung bzw. dem Aufbau eines solchen Modells, und „keine Lust, irgendwie ständig zu arbeiten" und sich „kaputtzumachen", sondern den Wunsch, etwas zu tun, was „Spaß macht und auch andere Leute weiterbringt".

Strukturiert wird von unten her: Durch individuelle Vorbildwirkung und Gemeinschaftsbildung. Umstrukturieren lässt sich die Gesellschaft für Frau Jana nur durch „Vorleben" und „Zeigen", „über die psychologische Schiene". Und durch „Solidarität", „Aufnehmen" von Menschen „in einer Gemeinschaft" und den „Aufbau des Gemeinschaftsgefühls", „dass man Konsum nicht als Ersatzbefriedigung benötigt". Bezüglich ihrer eigenen langjährigen Umweltbildung ist sie „inzwischen skeptisch". „Das ist sicherlich wichtig, um überhaupt Zusammenhänge zu kennen, aber ob es letztendlich in der Praxis zu umweltbewussterem Verhalten führt", ist für Frau Jana fraglich.

Methodenkritik und Ergebniszusammenfassung

Nach der Aufforderung, Arten von Zwang zur Rettung der Umwelt darzustellen, wurde im Interview gefragt: „Wie müssen wir unsere Gesellschaft zur Rettung der Umwelt strukturieren?"

Die Forschenden erwarteten, auch weil die auswertungsbezogenen Expertinneninterviews nahe legten, Strukturierungsvorschläge auf verschiedenen Ebenen.

Die Interviewpartnerinnen brachten tatsächlich Vorschläge, die sich auf staatliche und wirtschaftliche Strukturen und Akteure, auf öffentliche Einrichtungen wie auch das zivilgesellschaftliche Verbandswesen bezogen.

An der offenen Frage lässt sich keine Erhebungsmethodenkritik üben. Einzig der sehr aus dem soziologischen stammende Begriff der Strukturierung wird einigen Befragten möglicherweise zunächst fremdartig erschienen sein.

Allerdings findet sich in keinem der Interviews eine Rückfrage, eine Kritik, ein Korrekturvorschlag oder eine Zurückweisung des Wortes.

Die Gesellschaft im Sinne des Umweltschutzes zu strukturieren, erfordert vor allem, zivilgesellschaftlich über Umweltschutz aufzuklären. Dazu gehört auch die Aufklärung über Selbstverständlichkeiten und

Narrative sowie die gesellschaftlichen Folgen des Klimawandels und seiner Bearbeitung.

Akteursbezogene gesellschaftliche Strukturierungen können mit Umweltbeauftragten und Umweltbeiräten beginnen.

Die Strukturierung der Wirtschaft muss angebotsseitig beginnen, Märkte bedürfen gleichberechtigter Beteiligter, neuer Orientierungsmuster und Technologien, und keiner Privatisierung von Gewinnen und Vergesellschaftung von Lasten. Außerdem bedarf es der Trennung und des verantwortlichen Handelns von nachfragenden Konsumenten, angebotsorientierter Wirtschaft und regulierendem Staat, so dass nicht nur diejenigen profitieren und sich durchsetzen können, die bis dato zwar ökologisch nachteilig gewirtschaftet haben, aber derzeit wirtschaftlich im Vorteil sind.

Allerdings bedarf es auch größerer gesellschaftlicher Gesamtkonzeptionen, jenseits der derzeitigen transport- und geldbasierten Wirtschaft.

Damit solche möglich sind, wären zunächst einmal die gesellschaftlichen Spaltungen zu verhindern und möglichst viele Menschen durch Bildungsangebote mitzunehmen. Voraussetzung wären auch weniger Scheingegenüberstellungen und Scheinvergleiche von Umweltthemen in den – medial verstärkten – öffentlichen Diskursen. Insgesamt müssen Umwelt und Gesellschaft in ein Verhältnis gesetzt werden, das es der Gesellschaft ermöglicht, sich weiterzuentwickeln und zu strukturieren.

Eine ökologische Alternative zur gegenwärtigen Wirtschaftsform ist ein gemeinschaftsbasiertes, partizipatives und bedürfnisorientiertes Wirtschaftsmodell mit dem Ziel des Zeitwohlstandes. Eine solche Alternative wird aber sicher nur bottom up, also von unten her entstehen können.

4 Eine Regierung, die etwas durchsetzen kann

Gegen wen sich die Regierung wie durchsetzen müsste, war eine der Fragen der Studie.

Das Durchsetzen muss ganz konkrete Ziele haben. Die Regierung müsste sich im Energie-Sektor zur Abschaltung von „Kohlekraftwerken", im Gebäudesektor für mehr „Wärmedämmung" und weniger „Energieverbrauch" und im Verkehr zwecks Verringerung von „Verbrennungsmotoren" durchsetzen, so Frau Jana.

Die Regierung muss sich gegen Vermögende und für Bildung engagieren durchsetzen. Eine Regierungsaufgabe besteht darin, „gegen Besitzende" aus Großindustrien aktiv zu werden, so Herr Anton. Regierungsauftrag ist seines Erachtens aber auch, an der „Bildungs-Stellschraube" zu drehen, Steuern (im Sinne von „Strafen") einzuziehen und Subventionen (im Sinne von „Boni") auszureichen, weil „Geld" „extrinsisch" motiviert.

Ein Regierungsauftrag ist die ergebnisorientierte Umverteilung von Mitteln zur Sicherung von Grundbedürfnissen und für Umweltengagement. Nicht als Regierungsaufgabe, sondern gesamtgesellschaftlich findet Frau Berta „Lebensmittelrettung" wichtig, weil dadurch – für sie als Erwachsenenbildnerin von Bedeutung – auch die „Bedürftigkeit" von Menschen mit in den Blick genommen wird, so Frau Berta.

Zur Umstrukturierung der Gesellschaft muss die Regierung sich durchsetzen. Vieles, wie die 24-Stunden-Woche, ließe sich gesetzlich regeln. Nur durch diese Zeitbereitstellung kann es zur Produktion „in deiner eigenen Wohnung" kommen. Wenn Strukturen wie bei der De-Industrialisierung von Detroit wegbrechen, entstehen Gelegenheiten (dort: „kein Job", „kein Geld", aber, „Zeit"), das Wirtschaften anders zu strukturieren und mehr „selbst zu machen". „Quasi Staatspflicht" ist es, dass „Dürfen" und „Können" vom „Dreiklang Wollen, Können und Dürfen" zu ermöglichen, in dem er für die Deckung der „Grundbedürfnisse" durch „Nahrung, Dach, Beschäftigung, Gesundheitsversorgung" sorgt. Engagiert sich der Staat nicht und setzt sich nicht durch, gehen Organisationen wie bspw. die Taliban in Afghanistan „in diese Lücke hinein und erfüllen das". Das Durchsetzen einer Regierung ist immer adressiert, richtet sich gegen bestimmte Akteure. Nicht allerdings für Herrn Daniel: Für ihn müsste sich eine Regierung – nach einem „Bürokratieabbau" – „nicht durchsetzen, sondern etwas anbieten". Es gilt, den „Prosument" zu stärken, damit „nicht aus China importiert werden muss", sondern als „Gesetzgeber" „kleinere und lokalere Sachen zu fördern". Denn sobald „mehr Diversität" da ist, gibt es „auch mehr Sicherheit im System: Es kann nicht umkippen, wie wenn eine Riesenbank pleitegeht, durch die ein ganzes Wirtschaftssystem kaputt geht". Ein Beispiel für eine solche Sicherheit ist für Herrn Daniel das Angebot einer „lokalen Währung" zusätzlich zum Euro, die Stützung einer lokalen Initiative auf viele kleine Spender und „Kleinstpatenschaften" als nur auf einen großen Förderer, viele Reparaturmöglichkeiten von

Waschmaschinen bzw. viele Einrichtungsmöglichkeiten von Küchen durch Schreiner vor Ort. Die Regierung müsste für Herrn Gerd dafür sorgen, dass die Einnahmen bspw. aus dem Emissionshandeln nicht an „jemand Reiches gehen, der einen Acker kauft und dort eine Kiefernplantage anlegt, weil er es nicht besser weiß", sondern das Geld „Leuten zu geben, die das nötige Knowhow statt einfach nur viele Flächen haben", Knowhow für nachhaltiges Wirtschaften.

Sich durchsetzen heißt, Abgaben bzw. Steuern zu erheben. Die Regierung muss „Steuern" erheben und Abgaben einfordern, so Herr Clemens: „Rohstoffsteuern", „CO2-Abgaben" und „Abgaben für den Verbrauch von Ressourcen". Gesetzliches Durchsetzungsvermögen, so Herr Clemens, ist „momentan schwach ausgeprägt". Unternehmen wehren sich gegen gesetzliche Anliegen, ja, machen sie mit dem Argument der Gefährdung von „Arbeitsplätzen" „zunichte". Stattdessen „steigern" sie immer weiter. Falsche Anreize wie die „Abwrackprämie" erweisen sich als „kontraproduktiv".

Steuern erheben, Steuererleichterungen ermöglichen und dem Lobbyismus wehren, das sind die (drei) Aufgaben einer Regierung, die sich durchsetzt. Ein Beispiel für eine Durchsetzungsaufgabe für die Regierung wäre eine Steuer auf Öl „von dreihundert Prozent" und eine „Steuererschwernis für jede Art von nicht-nachhaltigem Verhalten", und eine „Steuererleichterung für sämtliche nachhaltige Mittel der Fortbewegung", für „nachhaltigen Gebäudebau" und „jegliche Art nachhaltigen Verhaltens", so Herr Friedrich. Herr Friedrich ist für eine „Abschaffung des Lobbyismus" für umweltschädigende Produktionen und eine „Abgrenzung der Politik" vom diesbezüglichen „Lobbyismus der großen Firmen".

Wichtig ist es, als Regierung von der Industrie unabhängig zu sein, und zivilgesellschaftliche Förderprogramme für gesellschaftliche Veränderungen zu initiieren. Die Regierung muss zur Rettung der Umwelt aus Sicht von Herrn Ingo, an ihr „Aushängeschild", die Automobilindustrie, heran, eine große Branche, die „mit unzähligen Arbeitsplätzen", Werbefirmen, Sportvereinen, Fußball „verknüpft" ist, was „es unmöglich macht, die Technik und die Wirtschaft" in Sachen Restrukturierung nicht mitzudenken. Es ist möglich, mit der Wirtschaft „ein bisschen härter in das Gericht zu ziehen", auch mit der „Abhängigkeit zwischen Wirtschaft und Politik", aber es muss auch gesagt werden: „Wir müssen auch was ändern". Die

siebzehn Ziele der nachhaltigen Entwicklung gelten auch für die Zivilgesellschaft und ihr über Programme und Projekte vermitteltes Verhalten.
Und wenn diese zeigen kann: „Hier ist eine breite gesellschaftliche Veränderung im Gang", übt das wiederum Druck auf die Politik aus. „Wirtschaftliche Anreize bleiben wahrscheinlich auf dem Weg wichtig", ebenso
wie „finanzielle", aber das deshalb „aus einem neuen Umwelt- und Natur-
schutzbewusstsein" gehandelt wird, glaubt Herr Ingo nicht. Er hat erlebt,
wie ein Bauer viele ökologische Techniken nur verwendete, weil es dafür
Fördergelder gab, „die sich für ihn rechneten". Aber so eine Vorgehensweise, Haltung und Einstellung „bricht irgendwann ein", so Herr Ingo.

Sich durchsetzen heißt, sich gegen große Unternehmen durchzusetzen
und sich für wirkliche nachhaltige Preise auf den Märkten zu engagieren. Die Regierung müsste sich durchsetzen gegen Großkonzerne, „die den
Preis bestimmen", die „schnell Klagen", „im Grunde etwas Erpresseri-
sches" haben, wenn es um Unterstützung und Subvention geht. Die Wirtschaft „ist halt nicht ehrlich", weil die „Dinge, die wir kaufen, nicht den
echten Preis haben", sagt Frau Mara. Vieles müsste ihres Erachtens „viel
teurer sein", was sich u.a. bei sogenannten „Kritischen Konsumführun-
gen" über weitgereiste Turnschuhe der „billigsten Näherin" lernen lässt.
Vieles, was über den Preis geregelt wird, ist „gerade sehr falsch geregelt",
so Frau Mara. „Die Regierung ist eigentlich in der Pflicht zu sagen: Wir
besteuern alles mit dem, was es wirklich kostet, was es unsere Umwelt
kostet, unseren Planeten". Und dafür bedarf es aus ihrer Sicht einer Trans-
portsteuer, einer Ressourcensteuer, einer Fair-Trade-Steuer und einer Müll-
steuer. Damit „es ehrlich und fair und vor allem nachhaltig wäre", wäre
es Auftrag der Regierung, „dieses Wirtschaftssystem, dieses Gefüge ganz
anders zu gestalten". Denn „vielleicht ist dieses Wirtschaftssystem an
sich ja kompatibel mit dem Umweltschutz?", fragt Frau Mara, denn sie
„glaubt" nicht „dass man das System grundsätzlich in Frage stellen muss",
sondern dass man „tatsächlich auch innerhalb dieses Systems" Umweltschutz betreiben kann.

Nach außen gilt es, abzuwehren, um die eigenen Unternehmen zu
schützen, und nach innen Strukturen zu reformieren. Durchsetzen müsste
sich die Regierung seines Erachtens „gegen globale Digitalkonzerne", die
„unseren Mittelstand kaputt machen", so dass „unsere Innenstädte nicht
mehr lebhaft sind", sagt Herr Norbert und die „typisch deutsche Kneipe,

wo es ein schönes Schnitzel gibt oder eben typisch deutsche Produkte verschwinden", sondern es nur noch Starbucks, McDonalds oder Dönerläden gibt. Durchsetzen muss sich die Regierung auch zur Erhöhung der Impfquote gegen das Corona-Virus und für die Ausstattung der Schüler mit PCs, die an „unserem schönen Föderalismus" scheitert, während Privatschulen längst über „einheitliche Tablets" verfügen. Gerade durch den Föderalismus hat „im Zweifel der Nachwuchs den Nachteil", weil z.b. „ein Abitur aus Hamburg weniger wert ist als aus Bayern".

Aber kann die Regierung auch parteiliche Meinungsbildung beeinflussen? Einige der Befragten glauben das. Die Regierung müsste sich aus Sicht von Frau Herta gegen „nicht-wissenschaftliche Informationen von Parteien" durchsetzen. Sie findet es „absolut unmöglich", wenn wie vorgekommen bspw. behauptet wird, der „Klimawandel ist gut", weil „mehr CO_2 zu mehr Pflanzenwachstum" führt.

Ist es der Regierung möglich, Parteireformen anzustoßen, Diskurse zu beeinflussen, neue Leitbilder zu setzen? Manch Befragter hält das für möglich. Für Herrn Karl war die bisherige CDU-geführte Regierung „nicht sonderlich an Klimaschutz" interessiert und würde sich, wenn sie sich beispielsweise gegen ihre eigene Partei durchsetzen müsste, diese „an der Basis strukturell komplett zerreißen". Denn ein solches Vorgehen würde mit ihren Strukturen und beispielsweise ihren Lobbyinteressen „nicht übereinstimmen". Die CDU kann sich, so Herr Karl, aber „grundsätzlich langfristig wandeln" weil „konservatives Gedankengut" auch mit „Bewahren der Natur und so weiter zu tun" hat. Insgesamt ist jedoch nötig, u.a. das „große Interesse aus der Auto-Lobby" zurückzudrängen, das verhindert, „ein Tempolimit auf Autobahnen einzuführen", das in der Bevölkerung „irgendwie mit Freiheitsideen" und einem „Freiheitsgefühl", einem „Narrativ" von der „Auto-Nation" verknüpft ist. Aber vielleicht bedarf es auch zur Zurückdrängung des Einflusses von Unternehmen einer „Neukonstitution" der Regierung und auch anderer Stadträte (wie in Paris, die ihre Stadt klimaneutral machen). Gerahmt werden müsste ein solches Vorgehen durch öffentliche und bewegungsförmige Diskurssetzungen wie der der bisher als „sehr lange als apolitisch abgestempelten" Jugend von Fridays for Future, deren Diskurs – ein „singuläres Ereignis", schwer „neu aufzubauen" – von dem schwer „zu brechenden" Corona-Diskurs „komplett gedreht wurde", u.a. weil es darin um „bedrohte Existenzen geht"

und dann der zum Teil „sehr abstrakte" Klimaschutz nur als ein „nachge-
ordnetes Ziel" empfunden wird. Auch wenn er im Harz „eigentlich schon
ziemlich offensichtlich" ist...

Vor allem muss die Regierung aber auch die Visionsentwickelung fördern, die das Verhalten von Jugendlichen prägt! Für Herrn Ludwig müsste
sich nicht die Regierung, sondern müssten sich „die jungen Leute durchsetzen". Denn nur diese können „Leitbilder formen", die sich „nicht per
Gesetz schaffen lassen". Wenn jeder Jugendliche für sich entscheidet, „was
wichtig ist" und „wenn das flächig greift", dann wird sich das innerhalb
einer Generation ändern". Dann ist der „SUV nicht mehr Ziel aller Bestre-
bungen, sondern vielleicht Bus und Bahn". „Vorausgesetzt die Infrastruktur funktioniert", sagt Herr Ludwig, wofür der Staat verantwortlich ist,
der auch „einiges tun kann" durch „Verbesserung einer solchen Sache statt
durch Gesetze".

Insgesamt mag gelten: Es ist besser, wenn Menschen und Initiativen in
der Zivilgesellschaft aneinander orientieren, als dass etwas von oben her
durchgesetzt wird. Frau Emilia findet die Frage nach der Durchsetzungs-
möglichkeiten der Regierung „elend", dieses „top down oder bottom
up"! Sie glaubt, dass es „nicht so gut ist, wenn etwas dolle von oben,
also von der Politik, kommt". Es dauert zwar „länger", „wenn es von
unten kommt", aber es ist „dadurch ein bisschen natürlicher" und auch
„nachhaltiger". Gesetze, die bspw. festlegen, „Ihr müsst irgendwie in den
nächsten zwanzig oder dreißig Jahren umstrukturieren!", bringen ihres
Erachtens „die Leute in Panik, in Panik!" Unter anderem, weil sie „nicht
verstehen, warum das gemacht wird und warum das wichtig ist". Wenn sie
aber „sozusagen natürlicherweise" mitbekommen, „das läuft super" und
„ohne viel Stress", dann „wächst es natürlicher" und „nicht künstlich von
oben", sondern eher als „eine freie Entscheidung von jedem Einzelnen",
ohne „Gesetz" und „Deadline", ohne dass es „mit Gesetzen aufgezwungen
wirkt". „Ich weiß es echt nicht", sagt Frau Emilia auf die Frage, gegen
wen sich Regierungshandeln zugunsten der Umwelt richten müsste und
fragt zurück: „Ist das überhaupt der richtige Weg, dass sich die Regierung
durchsetzt?" Denn es „kann ja auch von unten ganz viel passieren". Durch
die Gründung von überzeugenden kleinen Projekten entsteht öffentliche
Aufmerksamkeit, die sich über Zeitungen oder Online-Medien vervielfäl-
tigt. Aber auch diese müssen sich nicht durchsetzen, sondern „halt einfach

ihres machen", auch wenn das vielleicht „zu langsam" und „nicht schnell genug geht", so Frau Emilia. Allerdings findet sie „schon wichtig", dass zentrale Umweltschutzkriterien für Kühlschränke gelten (wie „A++") und „bestimmte Autos mit dem und dem Motor nicht mehr verkauft werden dürfen". Zentral bleibt aber, dass jede „Organisation so ihres macht" und „die anderen" von ihr „lernen". „Cool wäre es aber halt schon", so Frau Emilia, wenn die „Politik das unterstützt und es auch Förderungen in die Richtung" gibt.

Methodenkritik und Ergebniszusammenfassung

Die Interviewfragen, nach den benötigten Zwängen und den gesellschaftlichen Strukturierungsnotwendigkeiten wurde in mittleren demokratiebezogenen Teil des Interviews ergänzt und verstärkt durch die Frage, gegen wen sich die Regierung wie durchsetzen müsste zur Rettung der Umwelt.

Die Forschungsgruppe war zu Beginn der Auswertung der Meinung, dass sich die Regierung vor allem gegen wirtschaftliche Akteure, die sich umweltschädigend betätigen, durchsetzen müsste.

Die Antworten gehen in diese Richtung. Allerdings äußern die Befragten zusätzlich auch den Wunsch, dass die Regierung stärker in die allgemeingesellschaftlichen und parteilichen Meinungsbildungsprozesse eingreift.

Die verschachtelte Frage muss – erhebungsmethodisch – sehr kritisch gesehen werden. Zunächst war nach dem Akteur Regierung und seinem durchsetzenden Handeln gefragt worden, ergänzt um die Unterfrage nach den Adressaten und der Art dieses Durchsetzens. In der Folge der Fragen nach dem Arten von Zwang und der Strukturierung der Gesellschaft ist diese Frage nachvollziehbar (und war scheinbar auch für die Interviewpartnerinnen verständlich), trotzdem hätte sie in dieser überkomplexen und ebenen-vermengenden Form, noch dazu als options- und soll-orientierte Frage („Müsste?"), nicht gefragt werden dürfen. Durch die Frage blieb den Interviewpartnerinnen überlassen, auf welcher Ebene sie einstiegen.

Offenbar war dieses offene Verwirrspiel aber auch eine Stärke. Denn es zeigen sich interessante Antwortmuster:

Damit sich der Staat durchsetzt, braucht er sehr konkrete Ziele.

Durchgesetzt werden muss sich, gegen Vermögende und zur Befrie-
digung von Grundbedürfnissen, für Engagierte und für eine Bildung für
nachhaltige Entwicklung für alle Menschen.

Die Durchsetzungsinstrumente des Staates sind Abgaben, Steuern und
Steuererleichterungen und Förderprogramme sowie eine dafür unabhän-
gigkeitswahrende Lobbyismusabwehr.

Adressiert muss das staatliche Durchsetzen vor allem an die Wirtschaft
sein: gegen allzu mächtige Unternehmen sein, damit sich wirkliche Preise
auf Märkten etablieren. Kleinere und lokale Unternehmen gilt es zu schützen, und dafür ggf. auch die eigenen staatlichen Strukturen zu reformieren.

Erstaunlicherweise sind die Engagierten auch der Meinung, dass sich
der Staat in die demokratische Meinungsbildung einzubringen und z.B. so
etwas Parteireformen anzustoßen hat, weil sich in Bezug auf die Umwelt
dort zu viele falsche Urteile und Schlussfolgerungen finden.

Durchsetzen müssen sich – stärker als staatliche Vorgaben – allerdings
eher ökologische Visionen, neue Verhaltensweisen, und – wahrscheinlich
attraktivere – zivilgesellschaftliche Vorbilder.

II.4 Zusammenfassung der Untersuchungsergebnisse

1 Überblick

Die Umweltengagierten sind ehren- und hauptamtlich in Umweltschutz
und Umweltförderung aktiv. Sie recyceln Gegenstände, statt sie wegzu-
werfen, kaufen und verkaufen umweltförderlich, arbeiten im Naturschutz,
sind in öffentlichen Organisationen für den Klimaschutz verantwortlich,
betreiben Beratungs- und Lobbyarbeit, und sind in der Bildung für nachhaltige Entwicklung aktiv.

1 Umweltschädigendes Verhalten ist aus der Sicht von Umweltengagierten, privaten Müll illegal im öffentlichen Raum, in der Umwelt bzw.
   der Natur zu entsorgen. Die globale Marktwirtschaft befördert solches
   individuelles, aber auch das „Verhalten" von Unternehmen. Weil alle
   eingebunden sind, ist es schwierig, sich nicht umweltschädigend zu
   verhalten. Aber durch demokratische Wahlen und Anerkennung von
   umweltförderlichen Aktivitäten lässt sich einiges tun.

2 Anders als umweltschädigendes Verhalten sind umweltschädigende Strukturen eher auf der Ebene der Produktion und Verteilung von Gütern sowie dem Lobbyismus von Wirtschaftsunternehmen zu verorten. Diese Strukturen prägen die dort aktiven Unternehmen ebenso wie die Konsumenten, sind dort internalisiert.

3 Die illegale Entsorgung von privatem Müll im öffentlichen Raum, in der Umwelt bzw. der Natur ist nicht nur ein umweltschädigendes Verhalten, sondern vor allem auch ein Umweltfrevel. Viele Unternehmen verursachen durch ihr Wirtschaften Umweltfrevel. Auf der Ebene der Individuen sind Gründe in der Normalität von Umweltfreveln, aber auch in der Entfremdung der Menschen von den Folgen ihres Handelns zu suchen. Gegen Umweltfrevel lässt sich nur durch Einsatz für die Umwelt, Kontrollen und Sanktionen, Attraktivitätssteigerung der Umweltförderung und eine aktive Umweltpolitik vorgehen.

4 Die Gesellschaften haben keine bzw. nur wenig Zeit, sich umzustellen, um die Umwelt zu retten. Es ist einerseits schon zu spät, müsste andererseits sofort oder wenigstens in der nächsten Zeit gehandelt werden.

5 Eine staatliche Handlungsmöglichkeit ist, es Umweltfrevler für ihre Vergehen zu bestrafen. Die Umweltengagierten halten moralische und gesetzliche Begrenzungen sowie Verbote ebenso für wichtig wie die, ihnen wenig wirksam erscheinenden, eigentlichen Strafen (von Geld- bis hin zu Zeitstrafen).

6 Staatliche Belohnungen für Umweltengagement kann in Form von Fördermitteln Umweltengagierten, geringausgestatten Personengruppen sowie allen Menschen durch Bildung für nachhaltige Entwicklung helfen, wenn die Werte und Normen der Menschen auch in diese Richtung gehen. Es ist notwendig, zu intrinsisch motiviertem umweltförderlichen Verhalten zu kommen, was durch Gemeinschaftsaktivitäten befördert werden kann. Die Preise auf Märkten müssten umweltförderliches Engagement belohnen (so, wie sie umweltschädigendes Verhalten zu bestrafen hätten).

7 Für Zwang spricht für Umweltengagierte wenig. Wenn, drückt er sich in Gesetzen bzw. Kontrollen aus, die Menschen und Unternehmen dazu bringen, sich in die Kreislaufwirtschaft zu integrieren. Voraussetzung wäre eine bessere Trennung von Wirtschaft und Politik. Zwang ist vorrangig aber abzulehnen, weil er Widerstand produziert, kontraproduktiv

wirkt, umgangen wird. Zwang erinnert zu sehr an eine Öko-Diktatur, ist schmerzhaft, und wird als ungerecht empfunden.

8 Umweltcourage ist Müllaufsammeln, aber auch Umweltengagement im Allgemeinen, sowie umweltförderlich zu leben. Umweltcourage drückt sich in umweltförderlicher Kommunikation, im Wideranstand und Anzeigen von Freveln aus, und bedarf der Gemeinschaftlichkeit.

9 Mehr Mitwirkende lassen sich nicht gewinnen, wird sind die bereits aktiven Umweltengagierten zu etabliert, zu radikal, zu wissend bzw. zu bürokratisch. Mitwirkende wollen Gemeinschaftlichkeit und sich in Netzwerke einbinden. Sie bedürfen individueller Ansprache und eines individualisierten Engagements, z.B. dadurch, dass Mitwirkende andere Mitwirkende gewinnen und begleiten.

10 Aufklären ist die zentralste gesellschaftliche Aufgabe im Umwelt-schutz. Umweltförderliche gesellschaftliche Strukturen können Beauf-tragte für den Umweltschutz sein. Insbesondere die Wirtschaft muss umweltförderlich strukturiert werden. Aber auch die Menschen sind mitzunehmen, um einer gesellschaftlichen Spaltung vorzubeugen. Gesamtgesellschaftlich bedarf es alternativer nachhaltigerer gemein-schaftlicherer Wirtschaftskonzepte.

11 Eine Regierung, die etwas durchsetzen kann, braucht Ziele, um gegen mächtige Akteure und für Umweltengagierte, für Geringausgestattete und nachhaltige Entwicklung aktiv zu werden. Abgaben, Fördermittel und Abwehr des Unternehmenslobbyismus sind wichtige Maßnah-men, etwas durchzusetzen. Großen internationalen und umweltschä-digend agierenden Konzernen ist entgegenzutreten, kleinere lokale und umweltförderliche Unternehmen sind zu stärken. Aber auf die Parteienlandschaft soll die Regierung einwirken. Am wichtigsten ist jedoch, dass die Zivilgesellschaft eigene Visionen entwickelt.

Die befragten Umweltengagierten kamen durch ihre schulische und beruf-liche sowie verbandliche Ausbildung in ihr Engagement. Ihr Engagement ergibt sich aus ihrer ehren- und hauptamtlichen Tätigkeit. Nur sehr wenige engagieren sich aufgrund von negativen Erfahrungen mit Umweltfreveln und -schäden. Viele jedoch haben die aktuellen Umwelterfordernisse inten-siv reflektiert und auch ihr Privatleben umgestellt. Andere wurden eher bspw. durch Partner, Annoncen und Bekannte angesprochen.

2 Fokussierung

2.1 Einleitung

Freiwilliges Engagement ist „unverzichtbar für eine gelingende und lebendige Demokratie", konstatiert die aktuelle Untersuchung zum Freiwilligen Engagement in Deutschland (Simonson et al 2021, S. 6). Wie ein solcher Beitrag für die Demokratie, operationalisiert als Handlungsaspekt des freiwilligen Engagements, allerdings aussieht, ist in den letzten Jahren wenig beforscht worden. Das muss verwundern, haben populistische, extremistische und antidemokratische Artikulationen und Aktivitäten in Deutschland doch Konjunktur. Die Vermutung liegt nahe, dass auch populistische, extremistische und antidemokratische Einstellungen und Verhaltensweisen ins freiwillige Engagement Eingang finden.

Die Studie der Hochschule Magdeburg-Stendal „Die Gesellschaft nachhaltig strukturieren" nähert sich am Beispiel des freiwilligen Engagements im Umweltschutz dieser Problematik. Die beteiligten Forscherinnen und Erwachsenenbildnerinnen untersuchen und rekonstruieren qualitativ, wie die allseits für wichtig gehaltene und immer wieder erwähnte „Demokratiestärkung des bürgerschaftlichen Engagements" eigentlich von den Engagierten selbst verstanden und gelebt wird.

2.2 Forschungsdesign und Sample

In zwanzig leitfadenbasierten Interviews der Magdeburger Studie wurden die Befragten konkret zu Erfahrungen und Beispielen für umweltschädigendes Verhalten und umweltschädigende gesellschaftliche Strukturen, individuelle Umweltfrevel und Umweltcourage, Zwangsanwendungsbedarf und Strukturen zur Rettung der Umwelt, Regierungsaufgaben, Strafen und Anreizen gefragt. Die Befragten waren freiwillig Engagierte in verschiedenen Handlungsfeldern des Umweltschutzes und der nachhaltigen Entwicklung, d.h. u.a. in der Umweltbildung, im Recycling, im Naturschutz, im umweltfreundlichen Verkehr und in der ökologischen Ernährung ehren-amtlich tätig; Frauen und Männer, Jüngere und Ältere – und zumeist Menschen mit höheren Bildungsabschlüssen.

Die – komparative qualitative – Auswertung der volltranskribierten Interviews der Befragung erfolgte nach den Regeln der sogenannten Grounded Theory Method (Strauss und Corbin 1996): Schrittweise wurden die Interviews zunächst offen, dann axial und schließlich selektiv kodiert, verglichen und kategorisiert.

2.3 Ergebnisüberblick

Umweltschädigendes Verhalten reicht für die Engagierten von vorsätzlicher illegaler Abfallentsorgung bis zu unbedachtem – von ihnen zumeist „unbewusst" genanntem Ressourcenverbrauch; unter anderem durch „zu viel Autofahren".

Umweltschädigende Strukturen finden sich für sie sowohl im staatlichen Sektor als auch in der Wirtschaft wie bspw. im Transportwesen und in der Produktion. Gerade letztere setzt zum Zwecke regelmäßigen Umsatzes zu sehr auf „kurzlebige Güter" mit „geplanter Obsolenz", die noch dazu durch Werbung angeheizt wird, um alte Produkte „moralisch zu verschleißen".

Menschliche Umweltfrevel haben die Form kleiner Hinterlassenschaften und großer Fußabdrücke und reichen vom „unbewussten" Kauf von Lebensmitteln in Plasteverpackung und Kohlestromnutzen über das Autofahren, Flugzeug nutzen und Kreuzfahrten machen bis hin zur bewussten Vermüllung der Landschaft mit fallengelassenen Verpackungsrestern und Überbleibseln und gezielt illegal entsorgtem Haus- und Gewerbeabfall.

Um dies abzustellen bzw. zu verringern, sollte– neben staatlichem Handeln – auch individuelle Umweltcourage praktiziert werden. Die Befragten engagieren sich jedoch bei Übertretungen und Unachtsamkeiten weniger spontan und wirkungsvoll als gedacht. Sie wollen nicht zu offensichtlich Kritik üben, kompensieren das Vergehen eher unbeobachtet (z.B. durch Müllbeseitigung) und die Unachtsamkeit durch eigenes umweltschonendes Verhalten. Sie verstehen ihr Engagement eher als Angebot, als Vorbildhandeln, als einen anderen, alternativen, auch möglichen, leicht richtigeren Weg zur „Rettung der Welt".

2.4 Zentrale These

Dass für die Rettung der Umwelt auch Zwang angewendet werden müsste, lehnen die Befragten ab. So etwas können ihres Erachtens Gesetze festlegen, die nicht nur verbieten, sondern auch belohnen müssten. Sie selbst wollen eher zeigen, wie Umweltschutz ohne Zwang aussehen könnte; und für Umweltschutzengagement sensibilisieren.

Eine Befragte sagt: „Ich halte nichts von Bestrafungen. Zuckerbrot und Peitsche finde ich nicht geil. Das will keiner von uns. Wir haben uns doch nicht umsonst so emanzipiert, sind so laut geworden und haben heute die Möglichkeit, alles zu äußern, um uns bestrafen zu lassen!"

Insgesamt sind aus Sicht aller Befragten die umweltschädigendsten Personen ja vor allem Manager, Aktionäre und Lobbyisten bestimmter Industrien, die zum Zwecke der Gewinnmaximierung umweltschädigende Produktabsprachen treffen und so das Angebot manipulieren; neben den vielen unbewusst Konsumierenden, die noch aufgeklärt werden müssen.

Aufklärung – die „nicht-beschönigende absolute Wahrheit", aber auch „Lösungen", die sich im „Kleinen" und „gleich heute" umsetzen lassen – ist für die Befragten das Wichtigste einer gesellschaftlichen Strukturierung zur Rettung der Umwelt, damit sich bessere Angebote wie Bioprodukte „unverpackt und pastikfrei" oder aber auch der ÖPNV durchsetzen können.

Ge- und „Verbote" werden als nur wenig oder bedingt wirksam angesehen, weil sie zumeist um- oder hintergangen werden; wobei Verbote für die Engagierten im Sinne von „Gegen-Bewegungen" als noch ungünstiger als „Pro-Bewegungen" im Sinne von Empfehlungen sind.

Voraussetzung solcher „Vorschriften" sind und bleiben für sie Gesetze, aufgrund derer Steuern und Abgaben erhoben, vor allem aber Subventionen und „Boni" ausgereicht werden können; zum Abstellen von Umweltschädigungen und zur Förderung des Umweltschutzes.

Relativierend lehnen die Befragten auch „Strafen" ab; sinnieren aber über die Verstaatlichung des einen oder anderen umweltschädigenden Unternehmens. Sie halten allzu hohe Forderungen, Zwang und Strafen für Unternehmen für unangemessen, weil diese mit dem Argument der Arbeitsplatzgefährdung abgelehnt werden bzw. wenig Wirkung entfalten; beklagen aber die Steigerung der Produktionsspiralen (die sich „immer weiter" drehen). Sie sind – siehe Zitat – gegen Verbote; wollen aber staatliche „Kalte-Wasser-Aktionen" und „Fingerschnipp-Dinger" wie das Plastetütenverbot im Handel, weil die Gesellschaft veränderungsfähig ist. Der Relativierung (von Zwangsanwendung) folgt immer wieder die Gegenrelativierung...

Einzig „Anreize" von außen überzeugen Unternehmen, finanzielle Anschübe, Förderungen und Belohnungen, die dann vielleicht auch ihre Unternehmensphilosophie ändern. Und Gemeinschaftsaktivitäten, für die sich die ehrenamtlich im Umweltschutz Aktiven in Hilfe zur Selbsthilfe gegenseitig materiell unterstützen und moralisch stärken.

Die in der Magdeburger Studie Befragten wollen vor allem durch ihr „Zeigen" zum Mitmachen motivieren. Im „Kleinen" vorleben, was geht, und Erfolgserlebnisse vermitteln, aber auch etwas verkaufen und so Wünsche befriedigen bzw. ehrenamtlich helfen und eine „Freude machen". Und dabei selbst immer mehr lernen bzw. sich kreativ und kunsthandwerklich sowie technikerkundend handwerklich betätigen.

2.5 Schlussfolgerungen

Die Befragten sind gegenüber Demokratiestärkung eigentümlich defensiv und zurückhaltend. „Demokratie stärken" bedeutet für sie nicht, sich für eine starke Demokratie, die sich auch wehrt und verteidigt, einzusetzen. Sie negieren einen wichtigen demokratischen Handlungsaspekt bei Gefährdungen wie Populismus, Extremismus und Demokratiegegnerschaft, aber auch bei Umweltschädigung, Ressourcenverbrauch und Klimanotstand. Und verbleiben lieber beim zweiten, dem beteiligungsorientierten demokratischen Handlungsaspekt, der vor allem auf Partizipationsförderung ausgerichtet ist: transparent, offen und einbeziehend, auf Politik und Engagement Lust machend; gegen Engagement- und „Politikverdrossenheit" sowie „nachlassende Bindekraft etablierter Organisationen" und Interessenvertretungen (wie Rucht schon 2011, S. 559, konstatierte).

Ihre offensichtliche Abwehr und Relativierung von Umweltschädigungskritik, Umweltschädigungsprotest, Umweltschädigungsahndung und Umweltschutzdurchsetzung als vier engagementimmanente und politiknotwendige Eigenschaften zur Stärkung der Demokratie liest sich vor dem Hintergrund der gravierenden Umweltschäden, des überbordenden Ressourcenverbrauchs, des anstehenden Klimanotstands und der überaus knappen Zeit, um umzusteuern, sowie vor dem Hintergrund offensichtlich umweltschädigender Personen und Organisationen eigentümlich halbherzig und inkonsequent. Fehlen ihrem Engagement doch vor allem die

Eigenschaften, die notwendig sind, wenn etwas oder jemandem eigentlich deutlich zu widersprechen wäre.

Die Befragten tun gern Gutes und sprechen darüber; sie sind für einige wenige Verbote, aber keinen Zwang, lassen aber wenig Mut zu Kritik, Protest, Ahndung und vor allem Durchsetzungswille im Sinne einer Art „Umweltcorage" erkennen.

Sie zeigen sich in Bezug auf ihr Leben und ihr Engagement „immer radikal, aber niemals konsequent", wie politisch engagierte Menschen in der Geschichte immer wieder einmal über sich sagten – wie bspw. Walter Benjamin (1991, S. 425).

3 Diskussion

Der Freiwilligensurvey zeigt, dass anders als die Engagiertenstudie nahe legt, das Vertrauen in den Staat im Sinne eines Verteidigers in der Gesamtbevölkerung ebenso vorhanden ist wie das Vertrauen in die Justiz im Sinne eines Anwalts, aber weniger Vertrauen in die gesetzgebenden Organen und noch viel weniger in die eigenen Interessenvertreter in den Interessenvertretungsorganisationen wie Parteien.

Die befragten Umweltengagierten stellen allerdings weder die Demokratie als Regierungsform noch das Funktionieren der Demokratie in Frage. Sie haben „Vertrauen" in die vorhandenen politischen gesellschaftlichen Institutionen. Ihre Einstellungen ähneln damit den Befunden des Freiwilligensurveys (Karnick, Simonson, Tesch-Römer 2022, S. 292):

Jüngere (und unter diesen vor allem Schüler), höher Gebildete, Frauen und Engagierte präferieren im Freiwilligensurvey die Demokratie als Regierungsform und sind mit dem Funktionieren der Demokratie zufriedener als Ältere, weniger Gebildetere, Männer und Nicht-Engagierte.

Insbesondere die Engagierten sind zu 71,0 Prozent zufrieden, im Verhältnis zu den Nicht-Engagierten mit einem Anteil von nur 63,3 Prozent Zufriedenen (ebenda).

Wie die Engagiertenstudie, die nur aktive Umweltschützerinnen in den Blick genommen hat, zeigt, sind vor allem diejenigen (Jüngeren) zufrieden, die (u.a. durch Schule, Studium und Verbände) systematisch informiert werden und in Bildungsprozesse eingebunden sind, und weniger diejenigen

(Älteren), die ihre Informationen selbst suchen müssen und sich nur selbst-motiviert bilden können.

Außerdem findet sich im Muster der mehrfach von den Befragten geforderten Trennung von Wirtschaft und Politik auch das im Freiwilligensurvey deutliche Muster der Trennung von Judikative, Exekutive und Legislative (siehe Kapitel II.1).

Die repräsentative Studie über die aktiven Umweltschützerinnen des IfD Instituts für Demoskopie Allensbach (Statista 2021) zeigt, dass Umweltengagierte zwar gleichermaßen Frauen wie Männer sind, aber über eine höhere Schulbildung, einen höheren Ausbildungsabschluss und ein höheres Einkommen verfügen. Diese und verschiedene weitere Erkenntnisse der IfD-Studie lassen sich zur vorliegenden Engagiertenstudie folgendermaßen in Beziehung setzen:

Umweltschützerinnen haben einen hohen Bezug zu Wissen. Dieser Befund der vorliegenden Engagiertenstudie deckt sich mit der IfD-Studie 2021, nach der rund 74,2 Prozent der aktiven Umweltschützerinnen sich für Informationen über Wissenschaft und Forschung interessieren, während es in der Gesamtbevölkerung nur 54,2 Prozent sind (Statista 2021, S. 12).

Umweltschützerinnen leben Umweltschutz auch im Privatleben. Das zeigt auch die IfD-Studie 2021, nach der rund 55,9 Prozent der aktiven Umweltschützerinnen häufig bzw. ab und zu basteln und werken, während es in der Gesamtbevölkerung nur 41,4 Prozent sind (Statista 2021, S. 16).

Umweltschützerinnen sind politisch. Dieser deutliche Befund der vorliegenden Studie deckt sich mit der IfD-Studie 2021, nach der rund 84,3 Prozent der aktiven Umweltschützerinnen sich für Politik interessieren, während es in der Gesamtbevölkerung nur 70,3 Prozent sind (Statista 2021, S. 14). Außerdem sind im Jahr 2021 39,0 Prozent der aktiven Umweltschützerinnen an Informationen über Politik „besonders interessiert", in der Gesamtbevölkerung liegt dieser Anteil nur bei etwa 24,7 Prozent. 28,7 Prozent der aktiven Umweltschützerinnen sind „interessiert und geben öfter Ratschläge und Tipps, gelten da als Experte" (im Verhältnis zu 18,3 Prozent in der Gesamtbevölkerung) und 33,2 Prozent „informieren sich über das Thema (Natur- und Umweltschutz) häufiger im Internet" (im Verhältnis zu 20,9 Prozent in der Gesamtbevölkerung) (Statista 2021, S. 14).

An einer qualitativen Untersuchung des Bundesministeriums für Umwelt haben sich 2017 insgesamt 44 junge Menschen zwischen 14 und 22 Jahren beteiligt. Männliche und weibliche Teilnehmende waren in der Studie zu gleichen Teilen vertreten. Realisiert wurde sie durch eine moderierte Research-Online-Community, in der sich die Jugendlichen schriftlich äußern, aber auch visuelle Medien einsetzen konnten (BMU 2018, S. 9). Anschließend wurden 1.034 Jugendliche repräsentativ befragt (BMU 2018, S. 10). Folgende zeigt sich vergleichend:

In dieser Jugendstudie wird ebenso wie in der vorliegenden Engagiertenstudie das Wirtschaftswachstum eher als umweltschädigend, ressourcenverknappend, ungerecht und profitorientiert betrachtet, während soziale Gerechtigkeit eher als Grundlage eines rücksichtsvollen und Mitbestimmung ermöglichenden Zusammenlebens gilt (BMU, S. 29).

Die Untersuchungsergebnisse der hier vorgelegten Engagiertenstudie ähneln denen der BMU-Jugendstudie 2018, in der Jugendliche sagen, dass „ein grundlegender Wandel von Wirtschaft und Gesellschaft notwendig ist" und sich sofort bzw. „jetzt etwas ändern" muss (BMU 2018, S. 7).

Auch in der Hervorhebung der sozialen Beziehungen und der Individualisierung decken sich vorliegende Untersuchungsergebnisse mit der BMU-Studie 2018, in der Jugendliche angaben, dass ihnen verlässliche persönliche Beziehungen und soziale Netzwerke sowie sozialer Zusammenhalt und Solidarität sehr viel bedeuten (BMU 2018, S. 15 und S. 49). Gleichzeitig ist ihnen bewusst, dass sich Menschen wie sie „auf ihre eigene Art und Weise" einbringen wollen, u.a. in „aktionsorientierten und kurzfristigen Beteiligungsmöglichkeiten" (BMU 2018, S. 7).

„Der Staat muss durch gezielte gesetzliche Maßnahmen für mehr Umweltschutz sorgen" unterschreiben 43 Prozent der vom BMU befragten Jugendlichen „voll und ganz" und weitere 43 Prozent „eher". Allerdings kommt es auch auf die Verbraucherinnen und Konsumentinnen an (39 Prozent voll und ganz, 44 Prozent eher), weniger Verantwortung liegt aus Sicht der Jugendlichen bei der Wirtschaft (20 Prozent voll und ganz, 48 Prozent eher) (BMU 2018, S. 26). Die Befunde der vorliegenden Engagiertenstudie decken sich mit der BMU-Studie 2018, nach der Jugendliche zwar politisch interessiert sind, aber nur bezüglich des „Einsatzes für Nachhaltigkeitsziele" und „tatsächliches Lösen-Können der Umwelt- und Klimaprobleme" nur „geringe Erwartungen an politische Akteure" haben (BMU 2018, S. 7, S. 32–33, S. 60). Aber sie beteiligen sich selbst an Online-Aktionen (30 Prozent), nehmen an Demonstrationen teil (19 Prozent), sind in einer Natur- oder Umweltschutzgruppe aktiv (17 Prozent), gehören einer Partei an (11 Prozent) (BMU 2018, S. 47).

Die vorliegende Studie hat – anders als die quantitative BMU-Jugendstudie 2019 – Menschen verschiedenen Lebensalters befragt. Trotzdem ist zu fragen, ob sich hier auch die Typen der „Idealistischen", „Pragmatischen" und „Distanzierten" zeigen:

Zwar ist durch die qualitative, nicht repräsentative Auswahl von unterschiedlich alten, materiell eher gut situierten und gut gebildeten Menschen beiderlei Geschlechts naheliegend, dass sich diese von ihren Werten her eher „idealistisch" verorten. Aber dieser Schluss ist weder im Blick auf die Daten noch interpretativ zu ziehen.

Dafür spricht zunächst, dass sie für Toleranz, Engagement und Umweltbewusstsein votieren und sich zivilgesellschaftlich engagieren, als dass sie, wie die „Pragmatischen" eher an materiellen Werten orientieren und Umweltweltprobleme eher durch Technik, Wissenschaft und Staat lösen wollen.

Auch haben sie anders als die „Distanzierten" keine Lebensorientierung mit geringen Erwartungen und die Erfahrung bzw. Furcht, dass Umweltschutz und -förderung ihre Einkaufs- bzw. Konsummöglichkeiten einschränken könnte.

Sie zeigen wie die „Idealistischen" eher ein großes Interesse an Politik und keine Zurückhaltung gegenüber dieser (wie die „Pragmatischen") oder zeigen gar Abwendungstendenzen (wie die „Distanzierten").

Aber ihre Skepsis gegenüber Politikerinnen (wenn auch keinerlei Politikverdrossenheit), die sie mit den „Distanzierten" der BMU-Jugendstudie 2019 teilen, die Vorrangigkeit ihres Vertrauen in das eigene Engagement (das Politik als etwas Fremdes, anderen Akteuren Zuzuordnendes erscheinen lässt) und ihre doch teilweise auch zu erkennende Politikdistanz (die allerdings keinerlei Abwendung zeigt), müssen insbesondere in Bezug auf die jenseits von Politikerinnen liegenden institutionellen und interventionistischen staatlichen Möglichkeiten für Umwelt-, Natur- und Tierschutz zu denken geben.

In Bezug auf diese institutionellen und interventionistischen Staatsaufgaben ähneln die in der vorliegenden Studie untersuchten Umweltengagierten eher Idealistischen, Pragmatischen und Distanzierten gleichermaßen. Und tatsächlich wünschen sie, betrachtet man auf die sozialen Werte hinter den politischen Einstellungen, wie die Idealistischen der BMU-Jugendstudie 2019 noch mehr soziale Gerechtigkeit als derzeit, fürchten sie doch die sozialen Verwerfungen und noch mehr die Konflikte, zu denen mehr Umweltschutz und -förderung führen könnte. Sie haben aber als Umweltengagierte „nicht nur das Ganze im Blick" (BMU 2019, S. 59) wie die Idealistischen, sondern „wollen auch im Leben vorankommen" und dafür – gern vernetzt – auch für sich selbst etwas tun, weil sie in sich selbst vertrauen, wie die Pragmatischen (BMU 2019, S. 62–63). Und sie sind wie die Distanzierten auch „darauf bedacht, Anschluss zu halten", und suchen gemeinschaftliche Kontakte zu Gleichgesinnten, die ebenfalls der Meinung sind, dass es „so wie bisher nicht weitergehen kann" (BMU 2019, S. 63–64) – auch wenn aus dieser zeit- und handlungsbezogenen Auffassung keine politischen bzw. vielmehr staatsbezogenen Schlussfolgerungen gezogen werden.

Das Bundesumweltamt hat, wie seit 1996 jährlich üblich, auch im Jahr 2020 über 2.000 repräsentativ ausgewählte Personen im Alter von über 14 Jahren in Deutschland gefragt, wie es um ihr „Umweltbewusstsein und Umweltverhalten" bestellt ist (UBA 2020). In dieser Studie werden von den dort Befragten der Energiepolitik, der Landwirtschaftspolitik, der Städtebaupolitik bzw. Stadt und Regionalplanung sowie der Verkehrspolitik einen große Rolle zugemessen, was den Umwelt- und Klimaschutz angeht (siehe Kapitel II.1). Erstaunlicherweise wird, anders als in der vorliegenden Studie aufscheint, die umweltpolitische Rolle der Arbeitsmarkt- (18 Prozent) und Sozialpolitik (16 Prozent) nur gering geschätzt (ebenda).

Die Furcht vor sozialen Verwerfungen und Konflikten, die die Interviewpartnerinnen in der vorliegenden Engagiertenstudie deutlich machen, lassen den Umkehrschluss zu, dass gerade in diesen beiden Politikfeldern einiges getan werden müsste, um politisch und staatlich handlungsfähig zu bleiben und keine Spaltung der Gesellschaft bzw. Beschädigung oder gar Zerstörung der Demokratie zu riskieren (UBA 2020).

Anders als in der Studie des UBA wurde in der vorliegenden Untersuchung nicht gefragt, ob bspw. Städte- und Gemeinden genug für den

Natur- und Klimaschutz tun. Allerdings deckt sich die artikulierte Skepsis
gegenüber der Industrie und Wirtschaft bzw. der Bundesregierung vollständig mit den Daten der UBA-Studie, in der nur 16 Prozent bzw. 26 Prozent der Befragten der Auffassung sind, dass Industrie und Wirtschaft bzw.
Bundesregierung genug für die Umwelt tun (ebenda).

Die Fokusgruppenbefragung wie auch repräsentative Studie von Stieß
et al der Jahre 2020 und 2021 mit ihren Umweltbewusstseinstypen der
„Ablehnenden", „Skeptischen", „Unentschlossenen", „Aufgeschlossenen", „Orientierten" und „Konsequenten" (Stieß et al 2022, S. 89ff)
bezieht sich zwar auf alle Menschen in der Bevölkerung und nicht nur
auf Umweltengagierte, zeigt aber gerade bei diesen Umweltengagierten
Ähnlichkeiten:

Am stärksten korrespondieren die in der vorliegenden Studie Befragten mit den sogenannten „Aufgeschlossenen" der Studie von Stieß et al
(2022): „Klimapolitische Maßnahmen erfahren überwiegend eine hohe
Zustimmung, dies gilt insbesondere für eine sozial-ökologische Transformation im Bereich Ernährung. Auch im Bereich Mobilität wird eine
Transformation unterstützt, dabei wird eine stärkere Berücksichtigung
von Fuß- und Radverkehr bei der Aufteilung öffentlicher Räume als besonders wichtig angesehen. Für eine Veränderung sehen die Aufgeschlossenen
vergleichsweise stark die Bürgerinnen in der Verantwortung. Auffällig ist,
dass bei dieser Gruppe stärker als bei allen anderen Gruppen die Wirtschaft in die Verantwortung genommen wird" (Stieß et al 2022, S. 109).

Allerdings stimmen diese „Aufgeschlossenen" der Studie von Stieß et
al (2022) (ebenso wie – mit Abstrichen – auch die „Unentschlossenen",
vor allem aber die „Orientierten" und „Konsequenten") *einschränkenden*
gesellschaftlichen Maßnahmen zu.

Alle anderen, und damit gehören dazu auf die Umweltengagierten in
der vorliegenden qualitativen Befragung, finden die sozial-ökologische
Transformation wie die Gruppe der „Ablehnenden" der Stieß-Studie der
„bedrohlich", weil sie „potenziell auch mit Einschränkungen verbunden
ist" (Stieß et al 2022, S. 108). Und sie sind wie die „Unentschlossenen"
der Stieß-Studie ablehnend gegenüber solchen Maßnahmen der sozial-
ökologischen Transformation, die „mit Mehrkosten oder Einschränkungen verbunden sind" (ebenda, S. 107).

In der 2020er Studie des Umweltbundesamts (Peuker et al 2020) wurden folgende Umweltengagementmuster ermittelt: „Muster 1: Für soziale und ökologische Werte eintreten, Muster 2: Individuell-ethisches Handeln im Alltag, Muster 3: Einflussnahme durch Wahlen, Muster 4: Engagement in und für Organisationen, Muster 5: Abwarten, Muster 6: Kampagnen-Orientierung, Muster 7: Grassroots- und Basis-Initiativen, Muster 8: Investition in ethische Geldanlagen" (Peuker et al 2020, S. 52). Die Ergebnisse der vorliegenden Untersuchung verdeutlichen einen Schwerpunkt der Umweltengagementmuster auf den Mustern 1, 2 und 4: Die Befragten treten neben ihren ökologischen deutlich für soziale Werte ein, aber auch ihr individuelles Alltagshandeln ist ethisch ökologisch und sozial ausgerichtet. Und sie engagieren sich in und für Organisationen. Weniger bedeutsam sind bei den Interviewpartnerinnen der vorliegenden Studie die Muster 3 sowie die Muster 5 bis 8: Weder die Einflussnahme durch Wahlen, noch Abwarten, Kampagnen-Orientierung, Grassroots- und Basis-Initiativen oder Investition in ethische Geldanlagen spielen bei ihnen eine größere Rolle.

Ebenso wie die UBA-Studie von 2020 zeigt die vorliegende Untersuchung insbesondere in den Antworten auf die Frage nach der *Mitwirkendengewinnung*, die von den befragten Umweltengagierten auch vorrangig *verknüpft* empfohlen wird: „Bürgerschaftliches Engagement für die sozial-ökologische Erneuerung findet in zahlreichen Vereinen, Verbänden und Initiativen durch vielfältige Beiträge und Maßnahmen bereits statt. Diese gilt es als gute Beispiele sichtbar zu machen. Motiv- und Zielallianzen verbinden (dadurch) soziale und ökologische Ziele und Werte mit anderen Werten und Zielen der Organisation sowohl auf diskursiver als auch auf praktischer Ebene. Sie ermöglichen es, bürgerschaftliches Engagement zu stärken und zu einer Ausweitung von bürgerschaftlichem Engagement für die sozial-ökologische Erneuerung beizutragen. Die Bildung von Motiv- und Zielallianzen für eine sozial-ökologische Erneuerung kann über Kooperationen und Vernetzung von zivilgesellschaftlichen Organisationen mit unterschiedlicher thematischer Ausrichtung unterstützt und befördert werden. Bei den individuellen Motiven für ein bürgerschaftliches Engagement spielen die Erweiterungen der eigenen persönlichen wie beruflichen Kompetenzen eine zentrale Rolle. (Sozial-) ökologische Werte und Ziele können Tätigkeiten, die im Rahmen des Berufs und bürgerschaftlichen

Engagements ausgeübt werden, Sinn verleihen und Selbstwirksamkeitserfahrungen ermöglichen" (Peuker et al 2020, S. 85).

In der kleinen sekundäranalytischen Studie der Bundeszentrale für politische Bildung zu zivilgesellschaftlichem Engagement im Umwelt-, Natur- und Tierschutz (Alscher et al 2021) zeigt sich, dass die Sorgen der Menschen in Deutschland um den Schutz der Umwelt vor allem angesichts der Folgen des Klimawandels in den letzten Jahren stark angestiegen sind, und dass sich Menschen, die „große Sorgen" zu diesem Thema äußern, nicht mehr als in den Jahren zuvor engagieren. „Sorgen um Umweltschutz und Klimawandel allein ziehen offenbar nicht automatisch ein individuelles zivilgesellschaftliches Engagement nach sich", schlussfolgern dementsprechend die Autorinnen (ebenda), auch wenn das freiwillige Engagement für Umweltschutz und Umweltförderung nominal zunimmt, wie der u.a. der Freiwilligensurvey (Simonson, Kelle, Kausmann & Tesch-Römer 2022) herausgearbeitet hat.

In der Studie „Informationsverhalten im Umweltschutz und Bereitschaft zu bürgerschaftlichem Engagement" der Philipps-Universität Marburg wurde die persönliche Wertestruktur von freiwillig Engagierten analysiert (Kuckartz et al 2008, S. 13). Von den in der Studie so genannten „Idealisten" engagieren sich 19 Prozent in einem Umwelt- oder Naturschutzverband, von den „Wertepluralisten", die traditionelle und moderne Werte gleichzeitig verkörpern, sind es 10 Prozent. Bei den „Hedo-Materialisten" liegt der Anteil an Engagierten in der Umweltförderung bei 8 Prozent, „Pflichtbewusste" und „Wertedistanzierte" sind mit jeweils 3 Prozent nur sehr selten Mitglied in einer Organisationsform mit Umweltschutzbezügen (ebenda). Die politischen Einstellungen der in der vorliegenden Engagiertenstudie Befragten weisen darauf hin, dass auch sie zu primär zu den „Idealisten", „Wertepluralisten" und „Hedo-Materialisten" zählen, die nur wenig auf Werte und damit auch Werteverwirklichung oder gar Pflichten und damit auch Pflichtdurchsetzung setzen.

Für die Mitwirkendengewinnung empfehlen die Befragten der vorliegenden Studie kulturelle Ansprache, die Möglichkeit zur Netzwerkbildung, Gemeinschaftsaktivitäten, individuelle Einbringungsmöglichkeiten und die Verknüpfung von umweltbezogenen sowie wohlbefindensorientierten, von digitalen und analogen Motiven, auf der Basis von auf die Bedürfnisse der Personen, der Gesellschaft und der Umwelt zugeschnittenen

Leitbildern. Damit bestätigt die vorliegende Untersuchung in Sachen Mitwirkendengewinnung, was Kuckartz et al schon 2008 konstatierten. „Eine gezielte Ansprache sollte folglich vor allem an den gestaltungsorientierten Motiven der an einem Umweltengagement interessierten Personenkreise ansetzen: Man möchte den vorhandenen gesellschaftlichen Handlungs- und Gestaltungsspielraum aktiv wahrnehmen und nutzen, eigene Kompetenzen und Fähigkeiten einbringen sowie möglichst eigene Ideen und Projekte verwirklichen" (Kuckartz et al 2008, S. 20). Grundlage für ein Engagement sind „gestaltungsorientierte Motive", zu denen „persönliche Betroffenheit gepaart mit dem Willen, politisch etwas zu erreichen, Fachkompetenz einbringen und entwickeln zu können sowie Verantwortung zu übernehmen, Spaß haben und soziale Kontakte knüpfen und Liebe zur Natur und sinnvolle Freizeitgestaltung" gehören (ebenda).

Drei Ansätze der Ansprache zwecks Mitwirkendengewinnung scheinen auch in Bezug auf die in der vorliegenden Studie Befragten aktiven Umweltschützerinnen hilfreich: „In der Perspektive des ‚problemorientierten Ansatzes' kommt die Leitidee ‚Durch Information zum Handeln' zum Tragen. Umweltprobleme sind in dieser Sichtweise gut kommunizierbar, wenn sie die Menschen unmittelbar berühren" und insofern passförmig für Personen, deren Verhalten emotional zu stimulieren ist, so die Autorinnen (ebenda). „In der Perspektive des ‚verhaltensorientierten Ansatzes' sollten Umweltaspekte zurückgehalten und der Eigennutz der jeweiligen Zielgruppe in den Vordergrund gestellt werden. Mit diesem Fokus werden sich am ehesten die ‚Informationsmuffel' erreichen lassen. Aus der Perspektive des ‚empowermentorientierten Ansatzes' sollen die Rezipienten mit entsprechenden Informationen befähigt werden, sich selbst in einem bestimmten Themenfeld zurechtzufinden und sich aktiv an der Gestaltung einer nachhaltigen Gesellschaft zu beteiligen. Am ehesten relevant ist diese Perspektive für die Internetuser" (Kuckartz et al 2008, S. 21). „Ein ganz entscheidender Zugangsweg zum Umweltengagement sind schließlich auch die vorhandenen sozialen Netzwerke" und ihre Nutzung (ebenda, S. 21), wie auch die Befragten der vorliegenden Studie empfehlen.

4 Der Weg ins Engagement

Am Ende der Engagiertenstudie wurden die Interviewpartnerinnen gebeten, aufzuzeigen, wie sie persönlich zum Umweltengagement gekommen sind.

Durch die Familie. Über Freude an (der Unvollkommenheit) der Natur, bei der Gartenarbeit. Ein Engagierter kam zum Umweltengagement, weil er schon immer „generell offen" war, „was Naturfreude angeht". Er hält es auch für „ein Riesenproblem, dass keiner mehr einen Bezug zur Natur hat", sich „die Hände dreckig machen" und „einmal einen Spaten in die Hand nehmen will", sondern lieber immer die „sauberste", „vorgewaschenste" und „perfekt geformteste" Kartoffel „in der Küche liegen haben muss". Er arbeitete bereits als Kind im „Schrebergarten" mit und interessierte sich für Vögel und Vogelarten sowie Bäume und Baumarten. Heute hat er das „schöne Ziel", den Arbeitskollegen mit dem „fetten SUV" – mit dem der „jeden Tag ankommt, obwohl er eigentlich das Stück auch zu Fuß hätte gehen können" – „mitzunehmen auf die Reise": „Den Planeten zu retten!"

Über die Schule, den Jugendverband, einen Freiwilligendienst oder ein Studium. Durch ein Schülerpraktikum. Ein Engagierter kommt aus einer „Arbeitslosenfamilie", führ ihn war ein „Führerschein", aber auch ein „Straßenbahnticket" zu teuer bzw. „ökonomisch ziemlich sinnlos". Aber er „hatte ein Fahrrad". Von einer Lehrerin wurde ihm ein Praktikum in einem Umweltverband nahegelegt. Er fand es dort „cool", wurde im Verlaufe des Praktikums Vereinsmitglied „und zwei Tage später in den Vorstand gewählt". „Dinge, die halt so passieren", resümiert Herr Karl, obwohl er zu dem Zeitpunkt erst „18 oder 19" Jahre alt war. Und so „entwickelte" sich für ihn eine „soziale Integration in die Organisation". Der Umweltverband, in dem Herr Karl sich engagiert, arbeitet deutschlandweit, verwirklicht eine politische, eine touristische und eine kulturelle Seite. In den letzten fünf Jahren hat sich seine Mitgliederzahl am Ort des Engagements von Herrn Karl „fast verdreifacht", auch durch kulturelle Aktivitäten wie einen „Stammtisch", die alle „offener sind" als die eigentliche Verbandsarbeit.

Durch Jugendverbandsarbeit. Eine Umweltengagierte hat als Jugendliche zum Umweltengagement gefunden, weil sie in einer Jugendgruppe beim WWF war und dort gecoacht wurde. Das war für sie „das Intensivste", was sie erlebte. Später engagierte sie sich zusammen mit anderen unter anderem für eine alte Wassermühle, eine Streuobstwiese, Bienenhaltung, Perma-Kultur und eine Lebensmitteleinkaufskooperative.

Durch erlebte Umweltkorruption, und die Teilnahme an den Verbands-arbeitsangeboten einer internationalen NGO. Ein Engagierter kam zum Umweltengagement, weil er im Nationalpark mitbekam „wie die Bäume sterben" und selbst erleben musste, wie sein Vater durch die Kommunal-verwaltung bzw. einen „korrupten Bürgermeister" dazu gebracht wurde, eine „fünfhundert Jahre alte Eiche" auf seinem Grundstück zu fällen, weil „wahrscheinlich" die Feuerwehr nicht mehr durchkam. (Der Vater hatte zuvor noch die „Blitzableiter am Haus entfernt", weil aus seiner Sicht der Blitz eher in die Eiche als ins Haus eingeschlagen wird.) Er durfte an vielen Treffen, Camps und Aktivitäten einer internationalen NGO teilnehmen und engagiert sich jetzt als Mitglied für diese, „die mir viel mit auf den Weg gegeben hat", um „so ein bisschen was zurückzugeben".

Über ein FÖJ und ein Studium. Eine Engagierte ist schon als Kind oft im Wald unterwegs gewesen. Sie hat ein freiwilliges ökologisches Jahr gemacht und dabei viel gelernt. Im Nationalpark Harz engagierte sie sich als „eine Art Rangerin". Sie hat sich, angeregt durch den „erschütternden" Bericht einer Professorin über Müll im Ozean, für ein Studium der Umweltwis-senschaften entschieden. Ihr Ziel ist es, zu motivieren, und Lösungen zu suchen und anzubieten und nicht nur zu sagen: „Es gibt den Klimawandel. Die Eisbären sterben. Weil das Eis schmilzt." Wichtig ist ihr, weil „wir den Klimawandel leider nicht verhindern, sondern nur das Beste tun können, um die Folgen zu minimieren": „Klimaschutz sollte Spaß machen!"

Eine andere Umweltengagierte kommt aus einem Hartz-4-Haushalt, wo „billig eingekauft wurde". Durch ihren Werdegang, u.a. ein Sozial-pädagogikstudium, kam sie „auf einen anderen Trichter". Zunächst im klassischen Tierschutz für mehr „Verantwortung und Mitgefühl gegen-über unseren domestizierten Heimtieren" aktiv, stellte sie ihre Ernährung um, und ernährte sich zunehmend vegetarisch und vegan, „so in dieser Schiene". Im Food-Sharing gegen Lebensmittelverschwendung hatte sie ihren ersten Job. Weil in ihrer Tätigkeit in der Erwachsenenbildung diese Themen „ziemlich ausgeblendet wurden", und obwohl sie „Sozitante mit Leib und Seele" ist und gerne mit Menschen zusammen ist und arbeitet, wagte sie sich dann mit einem Unverpackt-Laden in die Selbstständigkeit.

Denn „irgendwann kam der Punkt, wo das Gefühl da war, ok, meine Stadt hat noch keinen Unverpackt-Laden, ok, lasst uns ein bisschen die Welt retten."

Durch das derzeitige ehrenamtliche Engagement oder die Berufstätigkeit. Durch handwerkliches Interesse. Eine Engagierte ist in der DDR und auf dem Dorf aufgewachsen. Ihre Eltern und Großeltern haben vieles „selbst angebaut", zu Hause wurde „gesaftet" und „eingekocht". Sie hat schon als kleines Kind mit ihrer Großmutter an der „Nähmaschine" gesessen. Das aktive kreative Gestalten ist ihr, die sich als „Selbermach-Elli" bezeichnet, eine „Herzensangelegenheit", die auch zu ihrer heutigen umweltpolitischen Selbstständigkeit führte. „Ich lebe es einfach", so die Engagierte, die z.b. auch für einen Tisch ins Antiquariat geht und ihn aufbereitet, und verkauft diese Dinge, „haue" also „gern Sachen raus", wie sie es ausdrückt.

Aufgrund einer naturnahen Kindheit, und langjähriger Umweltbildungsarbeit. Eine Umweltengagierte kam zum Umweltengagement, weil sie „sehr naturnah" – „mit Garten" – aufgewachsen und auch „viel mit Freundinnen durch die Gegend" geradelt ist, u.a. zum „Erbsenklauen auf Ackerflächen". Auch ihr Vater radelte schon „in der Freizeit über den Acker". Bereits ihre Studienentscheidung zum Chemiestudium war von dem Gedanken geprägt, „später im Umweltschutz tätig zu sein". Seit dreißig Jahren arbeitet sie in der Öffentlichkeitsarbeit und in der Umwelterziehung eines kommunalen Umweltamtes und hat mit vielen Gruppen „Exkursionen in den Wald und zu Seen gemacht".

Aufgrund von Umweltschädigung. Durch Erfahrung mit Gesundheitsschäden aufgrund von Umweltverschmutzung, und ein kritisches Verhältnis zu umweltschädigendem und Konsumverhalten. Ein Umweltengagierter ist „mit einem anderen Verständnis von Natur" „auf dem Dorf aufgewachsen. Unnötige Moped-„Rumtourereien", Zigaretten irgendwo hin schnipsen" und „um die Ecke Müll" entsorgen, waren ihm schon immer zuwider. Sein Vater starb jung an den gesundheitlichen Folgen betrieblicher Umweltverschmutzung. Die ersten Ansätze einer ökologischen Bewegung in der DDR wie auch eine kritische Sicht auf das „Konsumverhalten" in der „Nachwende-Zeit" mit ihrem „unendlich viel Müll" haben ihn geprägt. Mittlerweile unterstützt er aktiv Umweltorganisationen. Und arbeitet in der Bildungsarbeit für nachhaltige Entwicklung und sucht – wie auch sein

Kind bei Fridays for Future, was er „super" findet und „gern weiter sehen möchte" – für seinen Ansatz immer wieder Leute, um „gemeinsam Ideen zu spinnen" und so „eine nachhaltige, gesamtgesellschaftliche ökologische Entwicklung anzustoßen".

Aufgrund der DDR-Umweltverschmutzung, und einer langjährigen Lehrtätigkeit. Ein Engagierter ist durch seine „schlimmen Erkenntnisse mit der ostdeutschen Wirtschaft", die „extreme Flussverschmutzung hier im Osten", Tätigkeiten in Umweltbüros und Fabrikplanungen mit sehr vielen Umwelt- und Genehmigungsplanungen in Kontakt und zum Umweltengagement gekommen. Für ihn haben sich „Ende 1999" alle für „IT-Aktien", aber niemand für die Umwelt interessiert. Auch „Öko-Food" war damals noch nicht Thema. Er befasst sich mit dem „Spagat von Ökonomie und Ökologie", die nicht nur wie „meistens als Gegensätze gesehen" werden, sondern in „Gleichklang" gebracht werden müssen, und findet es „relativ wichtig, Leute an diesbezügliche Bewertungen heranzuführen" und bietet deshalb – „intrinsisch motiviert" – eine Vorlesung an, die „ihren Zweck erfüllt", wenn sie „dazu führt, dass man die einseitige Sichtweise mehr oder minder auch mal ein bisschen auflöst".

Durch Lebensgefährtin und Selbstreflexion. Über die Freundin. Ein Umweltengagierter hat seinen Weg ins umweltpolitische Engagement durch eine vegan lebende Freundin gefunden, die ihn auch mit der Umweltorganisation bekannt gemacht hat, in der er heute aktiv ist. Durch diese Bekannte ist er zu seiner gegenwärtigen Arbeit und zu seinem Engagement gekommen und an das persönliche umweltschützende Verhalten herangeführt worden. Mit der Zeit, so resümiert er, wurde es für ihn „immer, immer leichter" so zu leben und sich zu engagieren, entstanden bei ihm „Gewohnheiten".

Durch Reflexion und Änderung des eigenen privaten Verhaltens. Ein Engagierter hatte „schon immer einen starken Bezug zur Natur und zu Tieren". Außerdem engagierte er sich längere Zeit politisch. Er reflektiert, dass sich im Verlaufe der Zeit sein „eigenes Verhalten mit dem Bewusstsein über die Drastigkeit der Situation mehr und mehr verbessert hat". Er fliegt heute nicht mehr wie früher zu „Wochenendtrips mal eben irgendwo hin", weil ihm „die Konsequenzen bewusst sind". „Deswegen" hat er „Hoffnung, dass andere Leute das ähnlich sehen wie ich" und ebenfalls „ihr Handeln anpassen".

Durch selbstständige Kontaktaufnahme oder direkte Ansprache. Über eine Annonce. Der Weg eines Engagierten ins umweltpolitische Engagement wurde auch bereits in der Kindheit vorgeprägt. Zuhause wurden Autos und Motorräder selbst repariert, er hat später als Lehrer seine Klassenräume selbst eingerichtet. Zu seinem heutigen Engagement als Leiter einer Geräterecyclinginitiative kam er, der sich schon für ein ehrenamtliches Engagement in der Bildungsarbeit interessiert hatte (und sich bereits in zwei technischen Museen vor Ort engagiert hatte) „eigentlich per Zufall": Er meldete sich aufgrund der Annonce des Leiters einer ähnlichen Initiative einer anderen Stadt.

Über persönliche Ansprache. Ein Engagierter ist zum Umweltengagement gekommen, weil er bei Veranstaltungen seines Vaters zum Thema Fotovoltaik teilgenommen hat, die „eindrücklich" waren. Er „liest relativ viel", und ihm ist dabei „bewusst geworden ist, dass wir auf eine globale Katastrophe zusteuern, wenn sich nicht bald was tut". Als er bei Umweltschutzaktivitäten fotografierte und dabei Menschen kennenlernte, zu denen er bezüglich der Gründung einer neuen Initiative „blauäugig sagte: ‚Ja, das machen wir'.", begann sein Gründungsengagement für die Baumpflanzinitiative.

Ergebniszusammenfassung

Neben der Frage nach der Mitwirkendengewinnung bildeten die Fragen: „Wie bist Du persönlich zum Umweltengagement gekommen?" und „Beschreib außerdem noch kurz die Initiative, in der Du Dich gerade engagierst!" den Abschluss der Interviews.

Während die einen bereits durch Vorbilder und umweltförderliche Aktivitäten der Herkunftsfamilie geprägt waren, bildete sich bei anderen das Interesse an Umweltthemen und das Engagement für die Umwelt erst in der Schulzeit, bei der Mitwirkung einer umweltorientierten (zum Teil sogar internationalen) Jugendverbandsarbeit, in einem ökologischen Freiwilligendienst und im Studium heraus.

Vor allem für das gegenwärtige individuelle, gewerbliche, ehrenamtliche, verbandliche und/oder berufliche Tun haben die Befragten – manchmal aufgrund persönlicher Ansprache, einmal auch aufgrund einer Annonce – zum Umweltengagement gefunden.

Erlebte Umweltschädigungen und Umweltfrevel (die einmal zu gesundheitlichen Schäden in der Familie geführt und einmal deutlich die Umwelt des Befragten geprägt hatten), gegen die kritisch opponiert wurde, werden nur im Ausnahmefall berichtet.

Ein Befragter ist durch die Partnerin zum Umweltengagement gekommen, eine andere durch Reflexion des bisherigen eigenen Tuns und umweltförderliche Änderung des individuellen Verhaltens.

Teil III: Weiterführende Überlegungen

III.1 Naturschutz, Umweltpolitik und Nachhaltigkeit gehören in die kommenden kommunalen Handlungsleitfäden!

1 Erste naturschutz- und umweltpolitische Bezüge sind mittlerweile sichtbar, aber noch keine Nachhaltigkeit

In den meisten aktuellen *landesspezifischen* Ratgebern und Handbüchern für Kommunalpolitiker gibt es zwar mittlerweile kleinere naturschutz- und umweltpolitischen Bezüge, wenn auch keine Ausführungen zu Nachhaltigkeit in der Kommune[1]:

Stattdessen wird im aktualisierten „Handbuch für Kommunalpolitiker in *Hessen* in Fragen und Antworten" vor allem die landesseitige hessische Gemeindeordnung referiert, die zu diesen Themen keine Ausführungen macht. Sind in dieser Gemeindeordnung neue landesseitig für bedeutsam erachtete Themen aufgenommen worden wie bspw. die kommunalpolitische Beteiligung von Ausländern über Ausländerbeiräte (Rücker & Frank 2021, S. 33), so wird auf sie Bezug genommen. Die Orientierung an Nachhaltigkeit ist in Hessen – laut dieser Landesgemeindeordnung – keine Naturschutz- bzw. Umweltpolitikorientierung, sondern ausschließlich eine Orientierung an einem *„Haushaltsicherungskonzept"*, das notwendig ist, wenn der „Ergebnis und der Finanzhaushalt nicht ausgeglichen werden kann oder nach der Ergebnis – oder Finanzplanung Fehlbeträge oder ein

---

1 Unterschieden werden muss allerdings, ob in diesen Ratgebern bzw. Handbüchern die Gemeindeordnungen des jeweiligen Bundeslandes referiert und kommentiert werden (wie bspw. bei Rauber et al 2021), die Organe, Beteiligungsverfahren, Aufgaben und Akteure beschrieben werden (wie bei Frech 2021), zusätzlich zu diesen Grundlagen noch Verwaltungsverfahren dargestellt sind (wie bspw. die Bauleitplanung, die Auftragsvergabe, der Finanzausgleich und die Haushaltsplanung bei Schneider 2021 oder ausgewählte bau-, wirtschafts-, sozialpolitische sowie ordnungs- und sicherheitspolitische Prozesse wie bei Albrecht 2020).

negativer Zahlungsmittelbestand erwartet werden" (Rücker & Frank 2021, S. 178).

Auch in der Gemeindeordnung von *Baden-Württemberg* findet sich keine Nachhaltigkeitsorientierung. Zwar werden auch in diesem Handbuch über das „Gemeinderecht" landespolitisch bedeutsame neue Themen – wie bspw. die besonders notwendige und gesetzlich geforderte Beteiligung von Kindern und Jugendlichen (GemO BW §41a) – erwähnt. Allerdings ist aus Sicht des Werkes nur der kommunale Haushalt „sparsam und *wirtschaftlich* zu führen" (GemO BW §77) – nicht aber die Kommunalpolitik als Ganzes umweltschützend und nachhaltig zukunftsorientiert zu gestalten (vgl. Freiherr von Rotberg 2019, S. V, 107 und 145).

Nordrhein-Westphalen weist – anders als die hessische und baden-württembergische Ratgeber – in seinem aktuellen „Handbuch Kommunalpolitik" (herausgegeben von Bernd Jürgen Schneider) wenigstens auf die laut Bundesbaugesetzbuch notwendige *„Umweltberichterstattung"* und die dementsprechend notwendige „Umweltprüfung" nebst „zusammenfassender Erklärung und Monitoring" hin, die seit 2004 zum Anforderungsprofil eines Bebauungsplanes gehören; auch wenn noch „kein durchsetzbarer Anspruch der Bürger auf Durchführung des Monitoring-Konzepts" vorhanden ist, sondern nur „Fachbehörden" die „Verpflichtung" haben, „die Gemeinden darauf hinzuweisen, wenn sie Erkenntnisse … über nachteilige Umweltauswirkungen" erlangen (Graaff 2021, S. 108). Haushaltsgrundsatz ist neben der „Sparsamkeit und Wirtschaftlichkeit" die „stetige Sicherung der Ausgabenerfüllung". „Diese Anforderung ist Ausdruck des Nachhaltigkeitsprinzips", so ist zu lesen, „welches von dem Grundsatz ausgeht, dass die Erwirtschaftung der für öffentliche Ausgaben in einer bestimmten Periode erforderlichen *Mittel nicht zu Lasten nachfolgender Generationen* in die Zukunft verlagert werden darf (Stichwort: Generationengerechtigkeit)" (Müller 2021, S. 140).

Frech macht in seinem gerade neu aufgelegten, auf *Baden-Württemberg* bezogenen Buch „Kommunalpolitik – Politik vor Ort" allgemeinverständlich anschaulich, welche Organe, Wahl- und Beteiligungsverfahren und Aufgaben und Akteure es in der kommunalen Selbstverwaltung gibt (Frech 2022). Er verhandelt bspw. die Schwierigkeit, „Frauen als Bürgermeister" zu gewinnen, verhandelt er (ebenda, 150ff). Der Autor spricht im Blick auf aktuelle Migrationsbewegungen zwar von „globalen Problemen"

(Frech 2021, S. 14–23), und hält Integration für ein kommunales „Hauptthema der kommenden Jahre" sowie Kommunen für die „entscheidende Orte der Integration" (ebenda, 21–22). Die neben den globalisierungspolitischen dahinter vorhandenen gerechtigkeits- und umweltpolitischen Gründe bleiben bei ihm jedoch vollständig unbenannt! Auch daraus, dass vielen Bürgermeisterinnen der „Schutz von Natur und Umwelt" und „Ausbau der regenerativen Energien in der Kommune" sehr wichtig sind, wie er aufzeigt (Frech 2021, S. 133), folgt für ihn nichts. Ob Gründe oder Folgen, allein die Sache scheint für ihn problematisch: Basispolitische Diskurse über Umweltthemen wie bspw. über den Ausbau des Stuttgarter Hauptbahnhofs (Stuttgart 21) hält er für „erbitterte Auseinandersetzungen" von „oft unversöhnlich(en)" „Wutbürgern" mit der Verwaltung (ebenda, S. 167). Inklusion von Menschen mit Behinderungen sind für ihn preisintensiv und vor allem aufgrund des in der Kommune geltenden internationalen Rechtes – wie hier die EU-Menschenrechtskonvention – zu berücksichtigen (Frech 2022, S. 70). Gleiches gilt für die EU-rechtliche verbindliche Fauna-Flora-Habitat-Richtlinie (ebenda, S. 69) ebenso wie die EU-Feinstaubrichtlinie, die es für ihn „in sich hat", weil bspw. Stuttgart die Feinstaubbelastung kaum erfüllen konnte und ihr „Vertragsverletzungsverfahren und Strafzahlungen" drohten (Frech 2022, S. 67–68). Am stärksten aber treibt ihn die Sorge um, dass in einer Kommune „die Stimmung kippt" (ebenda, S. 19). Seine „wohl wichtigste Lektion aus der Pandemie lautet: Es gibt keine lokalen Lösungen für globale Probleme" (Frech 2022, S. 11). Das mag im Blick auf die beschränkte Beeinflussungsmöglichkeit globaler Probleme durch – deutsche – Kommunen richtig sein, trotzdem gilt für engagierte Bürgerinnen vor Ort – vielleicht außerhalb kommunalpolitischer Verwaltungsverantwortung? – immer noch, global zu denken und lokal zu handeln, gerade bei Gerechtigkeits-, Gesundheits-, Umwelt- und Menschenrechtsherausforderungen. Nur müssten solche zunächst einmal verhandelt, ja wenigstens angesprochen werden.

2 Auch Ratgeber, Handlungsempfehlungen und Lehrbücher ohne Regionalbezug sind noch nicht nachhaltig genug

Exemplarisch dafür, wie *wenig* kommunalen Verantwortungsträgerinnen auch gegenwärtig empfohlen wird, ist vielleicht das aktuelle Buch

„Brennpunkte der Kommunalpolitik in Deutschland" von Martin Junkernheinrich, Wolfgang Lorig, und Kai Masser (Baden-Baden: Nomos
Verlag 2021), in dem branchenübliche *Strohfeuer* entfacht werden, statt
echte *Löschmittelangebote* zu offerieren:

Aus verschiedenen Veranstaltungen, unter anderem unterstützt von
den kommunalen Spitzenverbänden in Rheinland-Pfalz und der Union
Stiftung Saarbrücken, ist dieser Sammelband hervorgegangen. Er vereint
eine interdisziplinäre Herausgeberschaft (ein Ökonom, ein Politologe, ein
Verwaltungswissenschaftler). Es repräsentiert den Generations- wie auch
Hochschultypwechsel in den anwendungsbezogenen Politik- und Verwal-
tungswissenschaften (u. a. am Bsp. von Oscar W. Gabriel und Elmar Hinz).

Allerdings arbeiteten – bis auf Annkatrin Jünger und Franziska Ritter,
Bettina Reimann und Karin Welge – kaum Frauen an den Beiträgen mit
(dafür allerdings erfahrene Bürgermeister bzw. Regierungspräsidenten und
Kommunalverbände-Vertreter). Möglicherweise fehlen wegen der nicht-
weiblichen Herangehensweise von vielen als brennend empfundene aktuelle gesellschaftliche Diskurse (wie der zur Chancengleichheit), die auch
auf der lokalen Ebene wirken. Ebenso fehlt die Benennung wirklich aktu-
eller Herausforderungen (wie z. B. digitale Information und Kommunikation, Meinungsmache und Machtausübung).

Hinzu kommt: Der Perspektive der kollektiven Akteure in den Kommunen – zivilgesellschaftliche Initiativen, Vereine, Verbände, Interessenvertretungen sowie Bürgerinitiativen, Wählervereinigungen und Parteien – wird
zugunsten eines Institutionen- und Einzelbürgerpartizipationsbias wenig
Platz eingeräumt. Gleiches gilt für die Grenzen und Möglichkeiten der Ein-
bindung der Kommunen in Länder, Bund und Europa (wenn man vom
Brennpunkt kommunale Finanzdauerkrise absieht).

Trost sind der Beitrag von Karin Welge (als Oberbürgermeisterin), die
an sozialer Inklusion orientierte Eingangsrahmung von Norbert Kersting
und die überraschende Zusammenschau von Kommunen und ländlichen
Räumen am Ende des Buches. Die steten und bekannten Herausforderungen von Kommunen in Deutschland – aus der Sicht von Kommunalverwaltungsmitarbeiterinnen und -leitungen – werden dargelegt. Von wirklich
neuen und weiterwirkenden Lichtbündelungen oder Temperaturanstiegen,
die – bis auf die gegenwärtige Pandemie – zu Bränden führen könnten
(wie der Titel suggeriert) und deshalb bearbeitet werden müssten, ist – bis

auf kleine *Löschversuchsvorschläge* von zwei Praktikern zur kommunalen Umweltpolitik – nicht zu lesen.

3 Wie das Thema darzustellen wäre: Als Pflicht-, Querschnitts- und entwicklungspolitische Aufgabe!

Ratgeber und Handbücher *ohne* Regionalbezug haben zwar – wie immer wieder in Debatten in Bezug auf Kommunen – im Jahr 2021 „Brennpunkte der Kommunalpolitik in Deutschland" ausgemacht. „Umwelt- und Klimapolitik" gehören – nun endlich – ebenso zu diesen Brennpunkten wie „Krisen der lokalen Demokratie", „Dauerfinanzkrise", „Polarisierung" und „Beteiligung", „Kommunal- und Gebietsreformen", „Verwaltungsmodernisierung" und „Rekommunalisierung", „Migration und Integration" und „Herausforderungen und Perspektiven" von Kommunen in ländlichen Räumen (Junkernheinrich et al 2021, S. 9–12).

Wenn auch nicht auf der Basis von Studien und durch Wissenschaftler, so wird im Sammelband von Junkernheinrich et al 2021 doch wenigstens durch zwei Bürgermeister exemplarisch dargestellt, worauf es gegenwärtig und zukünftig in der kommunalen Umweltpolitik ankommt: ein *Konzept* (wie „Tübingen macht blau"), erneuerbare Energieerzeugung, klimafreundliche Stadtplanung, energetische Gebäudesanierungen, Carsharing, Zweiradförderung, umweltfreundlicher Nahverkehr, Photovoltaik „auf allen Dächern" und Stadt-„Licht nach Bedarf" (Palmer 2021, S. 327–340, 336–337); oder wie in Heidelberg „Klimaschutz, Energieeffizienz, erneuerbare Energieerzeugung, umweltfreundliche Mobilität, Hochwasser- und Starkregenrisikomanagement, Hitzebelastungsbearbeitung und Regenwasserbewirtschaftung, Begrünung und Flächenversiegelung" (Würzner 2021, S. 313–326). Argumentiert wird, dass die „kommunale Selbstverwaltung am besten die innovativen und lebensnahen … Lösungen zur Energie- und Verkehrswende unterstützt", auch wenn „die Rolle der Kommunen im Rahmen der Energie- und Verkehrswende auf Bundesebene bislang nicht verbindlich geregelt ist" und sich „auf die formale Rahmensetzung sowie die freiwillige Wahrnehmung einer Vorbildfunktion für Bevölkerung und Unternehmen beschränkt", obwohl kommunale Umweltpolitik dringend „als *Pflichtaufgabe* zu verankern" wäre (Würzner 2021, S. 324–325).

Nur in *Bayern* sehen sich Kommunen – sieht man noch einmal in die *lokale* Ratgeberliteratur – als „eigenständige Körperschaften" bzw. Selbstverwaltungen, die mittlerweile nicht nur für übertragene Wirkungskreise bzw. Pflichtaufgaben im eigenen Wirkungskreis zuständig sind, sondern darüber hinaus auch für „Ehrenamtliches Engagement" und „Kulturarbeit und Kulturförderung" und mittlerweile auch auf *„Umweltschutz"*; möglichst orientiert an der „Agenda 21" (Brandl, Huber, Walchshöfer 2020, S. 213–244, 225, 231, 233 und 235).

Umweltschutz wird als *„Querschnittsaufgabe* für Staat und Kommunen" verstanden, die durch „Natur- und Landschaftsschutz, Immissionsschutz und Abfallwirtschaft" realisiert wird (Brandl, Huber, Walchshöfer 2020, S. 70); auch wenn der Begriff „nicht einheitlich definiert ist", aber aus Sicht der Autoren nach Art. 141 der Bayrischen Verfassung „als Gesamtheit aller Maßnahmen zum Schutz der natürlichen Lebensgrundlagen" verstanden werden kann, der „praktisch alle Lebensbereiche berührt". Deshalb ist es für „alle Kommunen", orientiert an der *„Verbindung von Umwelt- mit Entwicklungspolitik"* der Agenda 21 der UNO von 1992, höchst wichtig, einen „Beitrag zu einer nachhaltigen Entwicklung zu leisten und ein kommunales Umweltaktionsprogramm im Dialog mit Bürgern, aber auch mit Vereinen, Wirtschaftsverbänden, Arbeitgeberverbänden und Gewerkschaften aufzustellen" (Brandl, Huber, Walchshöfer 2020, S. 233, 235).

III.2 Theoretische Aspekte einer heterogenitätsbewussten nachhaltigen Erwachsenenbildung für mehr Umweltschutz- und Umweltpolitikengagement

In ihrer Tätigkeit begegnen Erwachsenenbildnerinnen sehr unterschiedlichen Menschen. Sie arbeiten nur oberflächlich betrachtet nur mit gut situierten Menschen, die eher der auf der Sonnenseite des Lebens zu verorten sind: Menschen, die vor Gesundheit nur so strotzen, junge Menschen, die engagiert erwachsen werden bzw. alte Menschen, die ihre Altersphase selbstständig gestalten, sowie Zuwandernde, die ganz von sich aus – auch sozial und umweltengagiert – in die Gesellschaft einbringen[2].

---

2   Vorliegende Überlegen wurden bereits vor acht Jahren das erste Mal veröffentlicht

Erwachsenenbildnerinnen haben damit umzugehen, dass es in ihrer Umgebung engagementaffine Menschen gibt, Menschen, die die verschiedensten Talente haben, Menschen, die in ihrem Leben auch viel geben und sich einbringen wollen, Menschen, die im wahrsten Sinne des Wortes reich sind und alle Möglichkeiten haben, ihr Leben und ihr Engagement aber auch unabhängig von Gemeinschaftlichkeit zu realisieren[3]. Erwachsenenbildnerinnen treffen aber auf Bedürftige, auf Menschen, auf die erwachsenenbildnerisch zugegangen werden muss: Kranke wollen getröstet, Jugendliche beim Erwachsenwerden begleitet, alte Menschen nicht alleingelassen und neu Hinzukommende integriert werden. Hinzu kommt, Menschen zu unterstützen, die ärmeren Schichten der Gesellschaft angehören, Menschen, die Beeinträchtigungen mitbringen und Menschen, die auf Beeinträchtigungen zusteuern, gerade weil diese Menschen auf Gemeinschaftlichkeit und gesellschaftliche Netzwerke angewiesen sind.

Wie – im Sinne von Gemeinschaftlichkeit und im Sinne gesellschaftlicher Netzwerke – sehr verschiedenen Menschen zusammen zu holen sind, darüber wird mittlerweile viel nachgedacht und diskutiert. Wie zwischen denen, die bedürftig sind und denen, die viel zu geben haben, Solidarität zu stiften ist, dazu finden sich mittlerweile viele gute Gedanken und viele Texte. Darüber hinaus gibt es Überlegungen zu der Frage, wie – im Blick auf Engagierte wie auch Bedürftig – Menschen mit ihren zunächst unbekannt scheinenden individuellen Bedürfnissen in Gemeinschaften und Netzwerke einbezogen werden können, ohne die Alteingesessenen in den Gemeinschaften und deren jahrelang gemeinschaftlich entwickelten Bedürfnisse zu vernachlässigen (Albrecht 2014). Ferner sind konzeptionelle Überlegungen der Frage gewidmet, wie Nachhaltigkeit zwischen

---

(Albrecht 2015b und Albrecht 2015c). Die Genehmigungen der Verlage Barbara Budrich und Springer VS zur Nutzung dieser Überlegungen und zu ihrer Weiterführung liegen dem Autor vor.

3   Das Feld der Gemeinschaften und Netzwerke ist aus Sicht des Umweltschutzes vielfältig. Die großen Umweltverbände und -organisationen werden üblicherweise den „klassischen sozialen Gemeinschaften" zugeordnet., deren Anliegen in Mitgliederorganisationen institutionalisiert wurden. Aktionsgruppen und Bürgerinitiativen im Bereich Frieden, Frauen und/oder Umwelt mit ihren Anliegen werden eher als Teil „neuer sozialer Bewegungen" verstanden, die nicht so hoch institutionalisiert wie Wohlfahrtsverbände sind (vgl. Albrecht 2014).

Generationen in unterschiedlichen sozialen Gemeinschaften und Bewegungen gewährleistet werden kann (Albrecht 2015a und Albrecht 2015b). Im Blick auf die Mitglieder im Kern und die weiter außen Stehenden sind sowohl das Innen und Außen sowie auch das Vergangene, Gegenwärtige und Zukünftige von lokalen Gemeinschaften und gesellschaftlichen Netzwerken im Blick.

An diese Vorüberlegungen soll im Folgenden angeknüpft werden, um sie nachhaltig zu erweitern. Es wird versucht, zusätzlich zu den benannten qualifizierten soziologischen Beschreibung von Gegebenheiten und vielen guten und Entwicklungsperspektiven eröffnenden Konzepten ein Leitbild zu empfehlen sowie auch ein Handlungskonzept auszuformulieren, die beide zukünftig von der Erwachsenenbildung beachtet werden sollten: ein Leitbild und ein Handlungskonzept, die zunächst weit jenseits der Anforderungen der gegenwärtigen lokalen gemeinschaftlichen und gesellschaftlichen Situation und jenseits kurzfristig möglicher Entwicklungsperspektiven (zu denen die Aufgaben Nachwuchsgewinnung oder Generationswechsel gehören) verortet zu sein scheinen.

Im Mittelpunkt der Ausführungen stehen das Leitbild der Nachhaltigkeit und das auf dieses bezogene Handlungskonzept der nachhaltigen Entwicklung mit seinen verschiedenen Handlungsebenen…

1 Globale Diagnosen, Leitbilder und Handlungskonzepte

Die Weltkommission für Umwelt und Entwicklung hat 1987 den Finger in eine seit langem bekannte Wunde der globalen Entwicklung gelegt: Unsere Welt hat keine Zukunft, hat sie keine Vision derselben und entwickelt sie – trotz der zum damaligen Zeitpunkt noch konkurrierenden politischen und wirtschaftlichen Systeme – keine Handlungskonzepte einer nur „gemeinsam" möglichen, global verantwortungsvollen „nachhaltigen Entwicklung" (Weltkommission für Umwelt und Entwicklung 1987). Die Konferenz der Vereinten Nationen über Umwelt und Entwicklung in Rio de Janeiro 1992, der Weltklimagipfel in Kyoto 1997 sowie auch die 1998er Bundestagsenquetekommission „Schutz des Menschen und der Umwelt" buchstabierten im Anschluss an die Richtungsweisungen der Weltkommission für Umwelt und Entwicklung das Leitbild der Nachhaltigkeit zu einem Konzept „nachhaltiger Entwicklung" (*sustainable development*) aus, indem ein integriertes ökologisch-wirtschaftlich-soziales Modell für nachhaltige Entwicklung entwickelt wurde (Deutscher Bundestag 1998).

Seitdem befassen sich viele Institutionen mit Fragen der nachhaltigen Entwicklung auf verschiedenen Ebenen: Der Club of Rome zeichnet eine düstere Perspektive der „Zukunft des Menschen im Zeitalter schwindender Ressourcen" und eines „geplünderten Planeten" (Bardi & Leipprand 2013). Die Global Marshall Plan Initiative will – wirtschaftlich denkend –die „Klimawende" durch „nachhaltige Energieversorgung" schaffen und mit „globaler Gerechtigkeit" koppeln (Wicke et al 2006), die Heinrich-Böll-Stiftung denkt über „Leben und Wirtschaften" sowie Wohlstand „ohne Wachstum" nach – weil wir „in einer endlichen Welt" leben (Heinrich-Böll-Stiftung 2012). Alle – sogar der Bund für Umwelt und Naturschutz – hoffen im Blick auf die eigenen Interessen auf ein „zukunftsfähiges Deutschland in einer globalisierten Welt" (Bund für Umwelt und Naturschutz Deutschland 2008), auch wenn ihnen bewusst ist, dass man aufgrund der mannigfaltigen „Zielkonflikte" zunächst „einen neuen sozial-ökologischen Regulierungsrahmen" benötigt (Friedrich-Ebert-Stiftung 2012). Gesucht wird auch heute, wie schon Ende der 1980er und Anfang der 1990er Jahre, eine „Formel für nachhaltiges Wachstum" (von Weizsäcker et al 2010), die die Menschen überzeugt, aktiviert und endlich zu nachhaltigem Wirtschaften und einer globalen „Ökopolitik" führt (Huber 1995).

Viele der genannten Institutionen und Autorinnen fragen danach, ob es notwendig ist, immer wieder darauf hinzuweisen, einerseits am individuellen „Konsum" (Raich 2010) und andererseits an „Verantwortung, Macht, Politik", ja der weltweiten „global Governance" anzusetzen, damit Verhalten und Verhältnisse nachhaltiger werden (Gruber 2008)? Bedarf es wirklich eines „30-Jahre-Updates" der Erkenntnis (Meadows et al 2009), dass die „Grenzen des Wachstums" immer offensichtlicher werden – und eines lautstarken „Signales" „zum Kurswechsel" (ebenda)? Kommt es nicht eher darauf an, Nachhaltigkeit in verschiedensten Handlungsfeldern zu entwickeln, wie Grunwald und Kopfmüller (2006) zeigen; Institutionen nachhaltig zu gestalten, wie die Deutsche Unesco-Kommission (2011) empfiehlt; und eine nachhaltige Politik „zu machen, zu kommunizieren und durchzusetzen", wie die Bertelsmann Stiftung (2012) dringend rät?

2 Ressourcen: Kerndimension der nachhaltigen Entwicklung und so auch Voraussetzung und Ziel einer nachhaltigen Erwachsenenbildung

Ob die Entwicklung der Welt als bedroht angesehen wird und/oder aber eine positive Zukunftsvision vorhanden ist, hängt vor allem mit der Frage zusammen, ob es auch praktikable Vorstellungen von nachhaltiger *Entwicklung* gibt, die alles Tun auf ihren nachhaltigen Gehalt hin prüfen helfen. Jede Entwicklung, die in der Erwachsenenbildung, in der Gesellschaft, in der Wirtschaft, ja sogar in der Natur selbst stattfindet, ist Entwicklung in Beziehung zur natürlichen Umwelt.

Nachhaltig ist eine Entwicklung im Kern und per Definition in der Tradition der Weltkommission für Umwelt und Entwicklung und der Konferenzen in Rio und Kyoto immer nur dann, wenn sie keinen Raubbau an den natürlichen Ressourcen betreibt. Ökologisch nachhaltig ist also auch erwachsenenbildnerisches Handeln nur dann, wenn es – sparsam und schonend – nur so viel Ressourcen nutzt, wie sich regenerieren, wie gleichwertig wiederhergestellt oder gar vermehrt werden können (Weltkommission für Umwelt und Entwicklung 1987).

Insofern muss auch aus Sicht der Erwachsenenbildung gefragt werden, wie sich Menschen in sozialen Gemeinschaften verhalten bzw. wie sich soziale Verhältnisse entwickeln, um die gegenwärtige notwendige und auch weiterhin immerwährende Ressourcennutzung so zu gestalten, dass auch zukünftigen Individuen und Gemeinschaften Ressourcen zur Verfügung stehen, in und über die Grenzen sozialer Gemeinschaften hinaus.

3 Nachhaltigkeit gibt es nur ökologisch, sozial und ökonomisch

Das Drei-Ebenen-Modell der nachhaltigen Entwicklung, das vor über fünfundzwanzig Jahren entwickelt (Deutscher Bundestag 1998) und mittlerweile in alle Definitionen und auch Lexika Einzug genommen hat, fragt nach dem Zusammenleben, der Wirtschaftsweise und den Beziehungen der Menschen zu den natürlichen Lebensgrundlagen in der Natur.

Zentrale Ebene der nachhaltigen Entwicklung ist zunächst die ökologische Nachhaltigkeit, die Schonung, Selbstregenerierung, Wiederherstellung bzw. Regenerationsfähigkeit und Vermehrung der Ressourcen der Natur. Eng damit verknüpft wird die wirtschaftliche Nachhaltigkeit, die Frage der Abkehr von einer Wirtschaftsweise, die – auf Kosten der kommenden Generationen – ihre eigenen Grundlagen schädigt, und die Frage der Hinwendung zu einer Wirtschaftsweise, die den kommenden Generationen keine Einbußen hinterlässt und pfleglich mit ihren Grundlagen umgeht. Damit einher geht die soziale Nachhaltigkeit mit ihrer Frage nach der Entwicklung weg von einem Zusammenleben auf Kosten benachteiligter Menschen, Gruppen, Staaten und Kontinenten und so großer, immer wieder gewalttätig eskalierender sozialer Spannungen und Konflikte, Ungleichheiten und Spaltungen und hin zu einem friedlichen Zusammenleben.

Erstens orientiert sich also eine ökologische Nachhaltigkeit am stärksten an dem Gedanken, keinen Raubbau an der Natur zu betreiben. Ökologisch nachhaltig wäre eine Lebensweise, die die natürlichen Lebensgrundlagen nur in dem Maße beansprucht, wie diese sich regenerieren. Zweitens geht es um ökonomische Nachhaltigkeit, in der eine Gesellschaft wirtschaftlich nicht über ihre Verhältnisse leben sollte, da dies zwangsläufig zu Einbußen der nachkommenden Generationen führen würde. Allgemein gilt eine Wirtschaftsweise dann als nachhaltig, wenn sie keine Schäden auf Kosten der kommenden Generationen verursacht. Und drittens garantiert soziale Nachhaltigkeit, dass ein Staat oder eine Gesellschaft so organisiert sein sollte, dass sich soziale Spannungen in Grenzen halten und Konflikte auf friedlichem und zivilem Wege bearbeitet werden können (Deutscher Bundestag 1998, S. 218).

4 Reziprozität, Voraussicht, Solidarität: Voraussetzungen einer – zunächst ökonomisch konnotierten – nachhaltigen Erwachsenenbildung

Im Blick auf diese drei Ebenen nachhaltiger Entwicklung muss gesagt werden: Erwachsenenbildnerinnen arbeiten zuvorderst an sozial nachhaltigen Entwicklungen. Sie arbeiten daran, das Zusammenleben und die Solidarität von sozialen Gemeinschaften so zu organisieren, dass – per definitionem – soziale Spannungen begrenzt und Konflikte friedlich ausgetragen werden. Dabei im Sinne ökologisch nachhaltiger Entwicklungen natürliche Ressourcen nur in dem Maße zu beanspruchen, wie sie sich regenerieren, ist nur wenig im Blick. Wenig Beachtung finden ferner auch Aspekte von ökonomisch nachhaltigen Entwicklungen. Dabei sind diese doch recht einfach zu beschreiben:

Ein engagierter oder potenziell engagierter, betuchter und/oder bedürftiger Mann, der sich von einer Erwachsenenbildnerin beraten lässt, zahlt Steuern, von der die Erwachsenenbildnerin bezahlt wird. Reziprok wäre, wenn der Mann – pro Stunde – so viel zahlt, wie die Erwachsenenbildnerin – ebenfalls pro Stunde – verdient. (Auch wenn er in einem solchen Falle auch direkt zahlen könnte und nicht den Umweg über die Steuerbehörden wählen müsste.) Vorausschauend ist, wenn der Mann – in dieser Stunde – so viel zahlt, dass neben der Entlohnung der Erwachsenenbildnerin etwas Geld für Zeiten überbleibt, in denen derselbe Erwachsene nicht so viel zahlen kann. (Ohne die Steuer, die natürlich auch geringer ist, hat die Person weniger Einkommen, müsste sie das überbleibende Geld zurücklegen.) Solidarisch ist, wenn der besagte Mann – verdient er viel – so viel zahlt, dass auch für andere – weniger verdienende und so auch weniger zahlungskräftige – Menschen die Erwachsenenbildnerin als Gesprächspartnerin da sein könnte. (Hier nun kommen die Steuerbehörden mit den ihr eigenen Umverteilungsmechanismen ins Spiel.) Nachhaltig ist darüber hinaus, wenn der Mann so viel zahlt, dass das Geld nicht nur für die aktuelle Situation, kommende Zeiten der Person selbst sowie Gespräche anderer Personen, sondern auch für *zukünftige* Entlohnung von Erwachsenenbildnerinnen reicht, d.h. eine Rücklage für erwachsenenbildnerische Gespräche zukünftiger Generationen gebildet wird.

Ein anderes Beispiel: Eine Jugendliche wird – pädagogisch – von einer Erwachsenenbildnerin betreut, weil die Mutter eine Betreuungsgebühr an die zu einer sozialen Gemeinschaft gehörende Kindertagesstätte zahlt, von der die Erwachsenenbildnerin bezahlt wird. Reziprok ist, wenn die Mutter – pro Stunde – so viel zahlt, wie die Erwachsenenbildnerin pro Stunde verdient. Nachhaltig ist, folgt man dem im ersten Beispiel angedeuteten Modell mit aufeinander aufbauenden und miteinander verknüpften Ebenen ökonomisch nachhaltigen erwachsenenbildnerischen Handelns, wenn die Mutter so viel zahlt, dass sowohl die aktuelle Betreuungsstunde als auch kommende Stunden (in denen die Mutter weniger zahlen kann) sowie auch Stunden anderer pädagogisch zu betreuender Jugendlicher (deren Mütter weniger zahlungskräftig sind) sowie zukünftige Betreuungsstunden (deren Finanzierung noch völlig im Dunklen liegt) bezahlt werden können. (Dies ist selbst dann nachhaltig, wenn außerdem in Betracht gezogen werden kann, dass die Jugendliche möglicherweise als Erwachsene keiner spezifischen pädagogischen Betreuung mehr bedarf.)

Noch einmal anders: Eine hochaltrige Seniorin wird – in der Seniorengruppe – von einem Erwachsenenbildner geragogisch betreut, für die ihre erwachsene Tochter Geld – einen Mitgliedsbeitrag an die Seniorengruppe – zahlt, von der ein Teil dem geragogisch arbeitenden Erwachsenenbildner als Honorar zukommt. Reziprok wäre, wenn die Tochter so viel pro Stunde zahlt, wie der Mitarbeiter als Stundenlohn bekommt. Nachhaltig wäre in diesem Beispiel, wenn die Tochter so viel zahlt, dass sowohl die aktuelle Betreuungsstunde als auch kommende Stunden (in denen bspw. der Sohn nicht mehr zahlt) sowie die Betreuungsstunden anderer Seniorinnen (die keinen zahlungskräftigen Nachwuchs ihr eigen nennen können) und sogar die Stunden von Menschen, die erst in Zukunft hochaltrig und entsprechend betreuungsbedürftig werden, zu finanzieren sind. (Auch wenn davon ausgegangen werden kann, dass auch die hochaltrige Seniorin selbst – anders als vielleicht gegenwärtig – in den zurückliegenden Jahren Steuern und Beiträge gezahlt hat.)

5 Schonen und Generieren: Denkmodelle einer – nun auch sozial und ökologisch nachhaltigen – Erwachsenenbildung

Die im vorangehenden Absatz vorgelegten Denkmodelle einer ökonomisch nachhaltigen Erwachsenenbildung zu ergänzen um Denkmodelle einer sozial und ökologisch nachhaltigen Entwicklung, ist zunächst gar nicht so einfach. „Geld" lässt sich – relativ einfach – tauschen, aber auch zurücklegen, sparen und einzahlen. Geld ist bietet die Möglichkeit, es aktiv und vorausschauend, solidarisch wie auch nachhaltig einzusetzen. Vor allem hilft dieses Tauschäquivalent, über das Sparen und Ansparen, also über Fragen des Schonens und Generierens von *Ressourcen* nachzudenken!

Auf der Suche nach sozial nachhaltigen Entwicklungsaspekten von Erwachsenenbildung könnte zunächst geprüft werden, ob sich das stärker sozial konnotierte Tauschäquivalent bzw. die Ressource „Zeit" ähnliche Funktionen aktiv, vorausschauend, solidarisch und nachhaltig eingesetzt werden könnte. Zeit wird – so zeigt eine weit verbreitete Praxis – in Tauschringen, Genossenschaften bzw. gemeinschaftlich organisierten

Sozialökonomien, sowohl als Tausch- als auch als Guthabenwert geführt, es lässt sich tauschen und sogar – mit Hilfe des Tauschrings, der Genossenschaft bzw. der Sozialökonomie – ansparen. In unserem Beispiel aus der Erwachsenenbildung investiert der Mann, der ein Gespräch mit seiner Erwachsenenbildnerin führt, reziprok so viel Zeit in die Begegnung, wie ihm die Erwachsenenbildnerin widmet. Vorausschauend ist, wenn das an einer Wiederholung der Begegnung interessierte Mitglied der Gemeinschaft bzw. des Netzwerkes in der Situation auch zukünftige Begegnungszeiten verabredet. Solidarisch wäre es, wenn es sich in der Gesprächssituation verpflichtet, auch anderen Gemeinschafts- bzw. Netzwerkmitgliedern Zeit zur Verfügung zu stellen. Nachhaltig wäre zu nennen, wenn der zukünftige Einsatz des Tauschäquivalents bzw. der Ressource Zeit in der genannten Situation ausgehandelt, beschlossen und festgelegt würde.

Da Zeit zu tauschen und dabei zu sparen und anzusparen für sich genommen recht wenig zufrieden stellt, unterscheiden viele Tauschringe, Genossenschaften bzw. gemeinschaftlich organisierte Sozialökonomien zumeist *verschiedene* Interaktionsformen: Es kommt – vereinfacht gesagt – beim Zeitsparen darauf an, ob ein Interaktionspartner etwas stellvertretend für jemanden tut, jemanden begleitet, mit jemandem zusammenarbeitet und/oder mit jemandem erwachsenenbildnerische Gespräche führt, gerade weil Gemeinschaften und Netzwerke von der Vielfalt der eingesetzten Talente leben. Im Blick auf verschiedene Interaktionsformen innerhalb der Erwachsenenbildung müsste der Mann in unserem erwachsenenbildnerischen Beispiel überlegen, wie er in der Gesprächssituation – jenseits des Zeitfensters – mit seiner Erwachsenenbildnerin reziprok interagieren kann. Vorausschauend würde er dann handeln, wenn er – an einer Wiederholung der Begegnung interessiert – insbesondere durch den Charakter seines interaktiven Handelns die Erwachsenenbildnerin dazu brächte, mit ihm auch zukünftig – in dieser oder anderer Form – zu interagieren. Solidarisch würde das Gespräch, wenn in ihm die Grundlage dafür gelegt wird, auch für andere Gemeinschafts- bzw. Netzwerkmitglieder auf eine bestimmte Art und Weise da zu sein. Von einem nachhaltigen erwachsenenbildnerischen Gespräch könnte dann gesprochen werden, wenn neben dem Zeiteinsatz auch die Art und Weise eines zukünftigen Einsatzes thematisiert und verbindlich verabredet würde.

Denkmodelle einer ökologisch nachhaltigen Erwachsenenbildung ließen sich prüfen, wenn danach befragt wird, welche nicht-sozialen Ressourcen in Situationen der Erwachsenenbildung in Anspruch genommen werden, mit denen sorgsam umgegangen und die für die Zukunft angespart werden müssten – und mit welchen internen und externen Umwelt- und Natur-Ressourcen die Situationen also in Beziehung stehen.

Das Beispiel aus der Erwachsenenbildung legt nahe, von einem ökologisch nachhaltigen Handeln – zunächst *intern* – dann zu sprechen, wenn die Gesprächssituation selbst berücksichtigt, dass auch das Haus der sozialen Gemeinschaft, in dem das Gespräch stattfindet, erhalten, ausgestattet, beheizt und beleuchtet und Essen und Trinken erwirtschaftet werden müssen. *Schonung* dieses Vermögens meint sicher nicht, gewissermaßen obdachlos bzw. schmucklos in Kälte und Dunkelheit zu hungern und zu dürsten; *Generierung* nicht nur, für eine in ferner Zukunft bessere Bausubstanz, Energieversorgung und Essensversorgung zu spenden. Es käme wenigstens darauf an, die Gesprächssituation nicht auf Kosten der genannten Ressourcen zu führen, sondern auf sie Rücksicht zu nehmen – sei es durch Schonen –, Reziprozität anzustreben – sei es durch Beisteuern der entsprechenden Dinge, bzw. sie zu ersetzen – sei es durch Begleichen der entsprechenden Kosten. Vorausschauend wäre, auch über zukünftiges Schonen und Generieren des Eigentums der sozialen Gemeinschaft Verabredungen zu treffen. Solidarisch wäre, im Gespräch auch festzulegen, wie darüber hinaus für andere – insbesondere für Gemeinschafts- und Netzwerkmitglieder, die weniger zu Schonung und Generierung in der Lage sind – bezüglich des Eigentums der sozialen Gemeinschaft mitgehaushaltet werden könnte. Ökologisch nachhaltig wäre das erwachsenenbildnerische Handeln im genannten Beispiel zu nennen, wenn auch die zukünftige Haushaltsführung der sozialen Gemeinschaft thematisiert, geplant, verabredet und bereits in der Situation etwas dafür getan wird.

Nun sind die *externen*, insbesondere die natürlichen Ressourcen, Kerngegenstand der Debatten um Nachhaltigkeit und nachhaltige Entwicklung auf den verschiedenen Ebenen. In unserem Beispiel aus der Erwachsenenbildung käme es in der Gesprächssituation der Erwachsenen mit seiner Erwachsenenbildnerin darauf an, neben dem Schonen und Generieren der Ressourcen der sozialen Gemeinschaft auch einen reziproken Beitrag zum Schonen und Regenerieren der externen natürlichen Ressourcen zu

leisten – bei Nutzung von anorganischen Rostoffen, fossilen und nach-
wachsenden Energieträgern, dem Umgang mit Tier- und Pflanzenwelt sowie
dem Wasserhaushalt der Erde. Vorausschauend wäre die Situation, wenn
die Situation auch genutzt würde, einen gemeinsamen Beitrag zur Bewahrung und zur Regenerierung der Schöpfung zu verabreden. Unter solidarischen Gesichtspunkten sollte es, wenn im Gespräch vereinbart wird, auch
andere Gemeinschafts- und Netzwerkmitglieder an die Bewahrung und
der Regenerierung der Schöpfung heranführen. Von einem nachhaltigen
erwachsenenbildnerischen Gespräch wäre dann zu sprechen, wenn neben
den drei genannten Orientierungspunkten die Zukunft der Schöpfung thematisiert und sich – in reziprokem, vorausschauenden und solidarischen
Sinne – zu zukunftsweisendem Handeln zugunsten der Bewahrung und
Regenerierung der Schöpfung verpflichtet würde.

6 Heterogenitätsbewusstsein und Nachhaltigkeit: Ziel einer auch zukünftige Generationen berücksichtigenden Menschenrechtsorientierung in der Erwachsenenbildung

Interessant wäre im Kontext von Nachhaltigkeit die Frage, ob und wie
sich die Aktivitätsformen „Schonen" und „Generieren" auch auf die
Menschenrechte beziehen können. Würde „Schonen" hier bedeuten, die
Deklaration der Menschenrechte – je nachdem, ob man eher Erwachs-
nenbildnerin oder eher Mitglied einer lokalen Gemeinschaft oder eines
gesellschaftlichen Netzwerkes – „schonend" vorzutragen bzw. zur Kennt-
nis zu nehmen, die häufig diskutierten Anspruchsrechte der gegenwärtig
lebenden Menschen nicht überzustrapazieren, sondern auch den Menschenrechten Stimme und Ohr zu verleihen, die notwendig zu verwirklichen wären, damit auch zukünftige Generationen gut leben können?
Würde „Generieren" nicht auch bedeuten, die Menschenrechte, egal ob
Erwachsenenbildnerin oder eher Mitglied einer lokalen Gemeinschaft
oder eines gesellschaftlichen Netzwerkes, in neuen Worten vorzutragen
bzw. zu hören, die viel diskutierten Anspruchsrechte neu „aufzubereiten",
vor allem aber, sich auch der Themen anzunehmen, die auch zukünftigen
Generationen gerecht werden?

Eines ist klar: In der Erwachsenenbildung machen Erwachsenenbildnerinnen täglich auch Politik. Sie kommunizieren und setzen sich durch, sie
gestalten lokale Gemeinschaften, gesellschaftliche Netzwerke und so die

Gesellschaft sowie verschiedenste lokale und gesellschaftliche Handlungs-
felder. Sie können eine „nachhaltige Entwicklung" betreiben und „nachhaltiges Wachstum" (von Weizsäcker et al 2010) möglich machen, ist
ihnen bewusst, dass all ihr Handeln in einer „endlichen Welt" stattfindet
(Heinrich-Böll-Stiftung 2012). In ihrer Tätigkeit begegnen Erwachsenenbildnerinnen verschiedensten Menschen. Nachhaltig sind diese Begegnun-
gen jedoch nur dann, wenn neben Menschenrechten, die für die Gegenwart
gelten, auch Vorstellungen von der Zukunft, den zukünftig lebenden
Menschen, dem zukünftigen menschenrechtlich basierten menschlichen
Zusammenleben bzw. der Zukunft der Welt insgesamt einbezogen werden; und wenn auch zukünftiges menschliches Wohlbefinden, Frieden und
Gerechtigkeit und Bewahrung der Schöpfung assoziiert werden und ent-
sprechende, nachhaltig zu nennende Entwicklungen sozialer, wirtschaft-
licher und ökologischer Art initiiert werden.

Verwendete Literatur

Adorno, Theodor W.: *Aspekte des neuen Rechtsradikalismus.* Suhrkamp Verlag: Berlin 1967 und 2019.

Albrecht, Peter-Georg/Eckert, Roland/Roth, Roland/Thielen-Reffgen, Carolin/Wetzstein, Thomas: *Gruppenauseinandersetzungen in lokalen Kontexten. Forschungsprojekt im Forschungsverbund Desintegrations-prozesse.* Universität Trier und Hochschule Magdeburg-Stendal 2001.

Albrecht, Peter-Georg: *Bewegung im Inneren? Einige Grundüberlegungen zum Generationswechsel in sozialen Bewegungen.* In: Neue Praxis. Zeitschrift für Sozialarbeit, Sozialpädagogik und Sozialpolitik Nr. 1/ 2014, S. 90–98.

Albrecht, Peter-Georg: Die Hoch-Zeiten sind vorbei? Rechtsextreme Szenen-Räume im Rückbau. In: Hochschule Anhalt (Hrsg.): *Fünfte Nachwuchswissenschaftler-Konferenz der Fachhochschulen Ost-deutschlands.* Hochschule Anhalt: Köthen 2004.

Albrecht, Peter-Georg: *Ländlicher Raum ist nicht gleich ländlicher Raum. Ähnlichkeiten und Unterschiede des Rechtsextremismus und des zivil-gesellschaftlichen Engagements gegen Rechtsextremismus.* Sekundär-analysebericht. In: Bundesnetzwerk Bürgerschaftliches Engagement BBE (Hrsg.): *Rechtsextremismus im ländlichen Raum. Teilberichte 1–3.* Bundesnetzwerk Bürgerschaftliches Engagement: Berlin 2009.

Albrecht, Peter-Georg: *Nachhaltigkeit in der Sozialen Arbeit. Einige hand-lungstheoretische Grundüberlegungen.* In: Soziale Arbeit Nr. 11/2015a. S. 420–426.

Albrecht, Peter-Georg: Nachhaltigkeit in der Sozialen Arbeit? In: Brosig, Malte/Hasenkamp, Miao-Ling Lin (Hrsg.): *Menschenrechte, Bildung und Entwicklung.* Verlag Barbara Budrich: Opladen 2015b, S. 150–187.

Albrecht, Peter-Georg: *Nachhaltige Soziale Arbeit – geht nur ökonomisch und politisch.* In: Sozial Extra. Zeitschrift für Soziale Arbeit. Nr. 5/ 2015c. S. 10–14.

Albrecht, Peter-Georg: *Von früher lernen heißt? Zivilgesellschaft-liches Engagement älterer Menschen gegen Rechtsextremismus.* Amadeu-Antonio-Stiftung: Berlin 2011.

Albrecht, Peter-Georg: *Zivilgesellschaftliche Koordination in der kommunalen Selbstverwaltung. Eine komparative Untersuchung administrativ-politischer Verfahren und kommunalpolitischer Prozesse.* Springer VS: Wiesbaden 2020.

Alscher, Mareike/Priller, Eckhard/Burkhardt, Luise: *Zivilgesellschaftliches Engagement im Bereich Umwelt und Klimawandel. Datenreport.* Bundeszentrale für politische Bildung: Berlin 2021.

Arriagada, Celine/Tesch-Römer, Clemens: Politische Partizipation. In: Simonson, Julia/Kelle, Nadiya/Kausmann, Corinna/Tesch-Römer, Clemens(Hrsg.): *Freiwilliges Engagement in Deutschland. Der Deutsche Freiwilligensurvey.* Springer Fachmedien: Wiesbaden 2022, S. 263–290.

Bardi, Ugo/Leipprand, Eva: *Der geplünderte Planet. Die Zukunft des Menschen im Zeitalter schwindender Ressourcen. Report an den Club of Rome.* Bundeszentrale für politische Bildung: Bonn 2013.

Benjamin, Walter: *Briefe.* Herausgegeben von Gershom Scholem und Theodor W. Adorno. Suhrkamp Verlag: Frankfurt am Main 1991.

Bertelsmann Stiftung (Hrsg.): *Kommunen schaffen Zukunft. Grundsätze und Strategien für eine zeitgemäße Kommunalpolitik.* 2. Auflage. Verlag Bertelsmann Stiftung: Gütersloh 2010.

Bertelsmann Stiftung (Hrsg.): *Politik nachhaltig gestalten. Wie man nachhaltige Politik macht, kommuniziert und durchsetzt.* Verlag Bertelsmann Stiftung: Gütersloh 2012.

Bertelsmann Stiftung (Hrsg.): *Städte in Not. Wege aus der Schuldenfalle?* Verlag Bertelsmann Stiftung: Gütersloh 2013. Bierl, Peter: *Grüne Braune. Umwelt-, Tier- und Heimatschutz von Rechts.* Unrast Verlag: Münster 2014.

BMU Bundeministerium für Umwelt (Hrsg.): *Zukunft? Jugend fragen! Nachhaltigkeit, Politik, Engagement. Eine Studie zu Einstellungen und Alltag junger Menschen.* BMU: Berlin 2018.

Brandl, Uwe/Huber, Thomas/Walchshöfer, Jürgen (Hrsg.): *Praxiswissen für Kommunalpolitiker: Erfolgreich handeln als Gemeinde-, Stadt-, Kreis- und Bezirksrat in Bayern.* Jehle Verlag: Heidelberg 2020. Bugiel, Britta: *Rechtsextremismus Jugendlicher in der DDR und in den neuen Bundesländern von 1982 bis 1998.* Lit Verlag: Münster 2002.

Bund für Umwelt und Naturschutz Deutschland/Wuppertal Institut für Klima, Umwelt und Energie (Hrsg.): *Zukunftsfähiges Deutschland in einer globalisierten Welt. Ein Anstoß zur gesellschaftlichen Debatte.* Fischer: Frankfurt am Main 2008.

Deutsche Stimme Nr. 1/2000. In Auszügen zitiert aus: Sprado, Werner: Nationaldemokratische Partei Deutschlands (NPD): Strategie und Taktik einer verfassungsfeindlichen Partei. In: Lynen von Berg, Heinz/Tschiche, Hans-Joachim (Hrsg.): *NPD – Herausforderung für die Demokratie.* Metropol Verlag: Berlin 2002, S. 31–44.

Deutsche Unesco-Kommission/Müller-Christ, Georg/Liebscher Anna Katharina (Hrsg.): *Hochschulen für eine nachhaltige Entwicklung. Nachhaltigkeit in Forschung, Lehre und Betrieb.* Deutsche Unesco-Kommission: Bonn 2011.

Deutscher Bundestag/Enquetekommission Schutz des Menschen und der Umwelt (Hrsg.): *Ziele und Rahmenbedingungen einer nachhaltig zukunftsverträglichen Entwicklung.* Abschlussbericht. Deutscher Bundestag: Berlin 1998.

Erb, Rainer: Die kommunalpolitische Strategie der NPD Ende der neunziger Jahre. In: Lynen von Berg, Heinz/Tschiche, Hans-Joachim (Hrsg.): *NPD – Herausforderung für die Demokratie.* Metropol Verlag: Berlin 2002, S. 45–62.

Fedder, Jonas: *Umweltschutz als Heimatschutz.* In: Gegneranalyse Nr. 1/ 2020. Siehe https://gegneranalyse.de/umweltschutz-als-heimatschutz/. Zuletzt eingesehen am 24.04.2021.

Frech, Siegfried/Weber, Reinhold (Hrsg.): *Handbuch Kommunalpolitik. Politik in Baden-Württemberg.* Verlag W. Kohlhammer: Stuttgart 2009.

Frech, Siegfried: *Kommunalpolitik. Politik vor Ort.* 2., erweiterte und überarbeitete Auflage. Verlag W. Kohlhammer: Wiesbaden 2022.

Freiherr von Rotberg, Konrad: *Gemeindeordnung Baden-Württemberg.* 33. Auflage. W. Kohlhammer Verlag: Stuttgart 2019. Insbesondere S. V, 107 und 145.

Friedrich-Ebert-Stiftung, Abt. Wirtschafts- und Sozialpolitik/Dullien, Sebastian/van Treeck, Till (Hrsg): *Ziele und Zielkonflikte der Wirtschaftspolitik und Ansätze für einen neuen sozial-ökologischen Regulierungsrahmen.* Schriftenreihe WISO Diskurs. Friedrich-Ebert-Stiftung: Bonn 2012.

Geden, Oliver: *Rechte Ökologie. Umweltschutz zwischen Emanzipation und Faschismus.* Espresso Verlag: Berlin 1998.

Girtler, Roland: *Methoden der Feldforschung.* Böhlau Verlag: Wien 2001.

Glaser, Barney G./Strauss, Anselm L.: *Grounded theory. Strategien qualitativer Forschung.* (Dritte unveränderte Auflage der Originalausgabe von 1967.) Huber Verlag: Bern 2010.

Gruber, Petra (Hrsg.): *Nachhaltige Entwicklung und Global Governance. Verantwortung, Macht, Politik.* Budrich: Opladen 2008.

Graaff, Rudolf: *Bauleitplanung in der Gemeinde.* In: Schneider, Bernd Jürgen (Hrsg.): Handbuch Kommunalpolitik Nordrhein-Westfalen. 4., aktualisierte Auflage. Kohlhammer Deutscher Gemeindeverlag: Stuttgart 2021, S. 97–111.

Grabow, Bussow/Schneider, Stefan (2013). *Nur gemeinsam: Nachhaltige kommunale Finanzpolitik und nachhaltige Infrastrukturplanung.* In: Bertelsmann Stiftung (Hrsg.): Städte in Not. Wege aus der Schuldenfalle? Verlag Bertelsmann Stiftung: Gütersloh 2013, S. 309–329.

Grunwald, Armin/Kopfmüller, Jürgen: *Nachhaltigkeit.* Campus: Frankfurt am Main 2006.

Günther, Albert/Beckmann, Edmund: *Kommunal-Lexikon. Basiswissen Kommunalrecht und Kommunalpolitik.* Richard Booberg Verlag: Stuttgart 2008.

Heinrich-Böll-Stiftung/Jackson, Tim (Hrsg.): *Wohlstand ohne Wachstum. Leben und Wirtschaften in einer endlichen Welt.* Bundeszentrale für politische Bildung: Bonn 2012.

Huber, Joseph: *Nachhaltige Entwicklung. Strategien für eine ökologische und soziale Erdpolitik.* Edition Sigma: Berlin 1995.

Hupka, Steffen: Grundsätze einer nationalrevolutionären Strategie. Unveröffentlichtes Manuskript aus dem Jahr 2000: Timmenrode (Harzkreis). In Auszügen zitiert aus: Reichert, Steffen: Einflussnahmen Rechtsextremer und Gegenwehr demokratischer Medien. In: Lynen von Berg, Heinz/Tschiche, Hans-Joachim (Hrsg.): *NPD – Herausforderung für die Demokratie.* Metropol Verlag: Berlin 2002, S. 119–134.

Hupka, Steffen: Weg und Ziel. Nationalistisches Schulungsheft 1/2000. Eigendruck aus dem Jahr 2000: Timmenrode (Harzkreis). In Auszügen zitiert aus: Sprado, Werner: Nationaldemokratische Partei Deutschlands (NPD): Strategie und Taktik einer verfassungsfeindlichen Partei. In: Lynen von Berg, Heinz/Tschiche, Hans-Joachim (Hrsg.): *NPD – Herausforderung für die Demokratie.* Metropol Verlag: Berlin 2002, S. 31–44.

Junkernheinrich, Martin/Lorig, Wolfgang/Masser, Kai (Hrsg.): Brenn-punkte der Kommunalpolitik in Deutschland. Nomos Verlag: Baden-Baden 2021.

Karnick, Nora/Simonson, Julia/Tesch-Römer, Clemens (2022): Einstel-lungen gegenüber gesellschaftlichen Institutionen und der Demokratie. In: Simonson, Julia/Kelle, Nadiya/Kausmann, Corinna/Tesch-Römer, Clemens(Hrsg.): *Freiwilliges Engagement in Deutschland. Der Deutsche Freiwilligensurvey*. Springer Fachmedien: Wiesbaden 2022, S. 291–316.

Kausmann, Corinna/Hagen, Christine: Gesellschaftliche Bereiche des frei-willigen Engagements. In: Simonson, Julia/Kelle, Nadiya/Kausmann, Corinna/Tesch-Römer, Clemens(Hrsg.): *Freiwilliges Engagement in Deutschland: Der Deutsche Freiwilligensurvey*. Springer Fachme-dien: Wiesbaden 2022, S. 95–124.

Kehre. Zeitschrift für Naturschutz Nr. 1/2020. Darin zitiert: Beleites, Michael: *Die menschengemachte Überhitzung. Zur Entropie der Indus-triegesellschaft*. In: Kehre. Zeitschrift für Naturschutz Nr. 1/2020.

Kelle, Nadiya/Karnick, Nora/Gordo, Laura Romeu: Kostenerstattungen, Geldzahlungen und Sachzuwendungen für die freiwillige Tätigkeit. In: Simonson, Julia/Kelle, Nadiya/Kausmann, Corinna/Tesch-Römer, Clemens(Hrsg.): *Freiwilliges Engagement in Deutschland: Der Deutsche Freiwilligensurvey*. Springer Fachmedien: Wiesbaden 2022, S. 243–260.

Kuckartz, Udo/Rheingans-Heintze, Anke/Rädiker, Stefan: *Infor-mationsverhalten im Umweltschutz und Bereitschaft zu bür-gerschaftlichem Engagement*. Philipps-Universität/Institut für Erziehungswissenschaft: Marburg 2008.

Küpper, Beate/Krause, Daniela/Zick, Andreas: Rechtsextreme Einstellun-gen in Deutschland. In: Zick, Andreas/Küpper, Beate/Berghan, Wil-helm (Hrsg.): *Verlorene Mitte. Feindselige Zustände*. Rechtsextreme Einstellungen in Deutschland 2018/2019.: Dietz Verlag: Bonn 2019, S. 145–165.

Laufer, Heinz/Münch, Ursula: *Das föderale System der Bundes-republik Deutschland*. Bayrische Landeszentrale für politische Bildungsarbeit: München 2010.

Liegle, Ludwig: Generationen. In: Otto, Hans-Uwe/Thiersch, Hans/Grun-wald, Klaus (Hrsg.): *Handbuch Soziale Arbeit*. Reinhardt: München 2011, S. 515.

Lynen von Berg, Heinz/Tschiche, Hans-Jochen (Hrsg.): *NPD – Herausforderung für die Demokratie*. Metropol Verlag: Berlin 2002.

Meadows, Donella/Randers, Joren, Meadows, Dennis: *Grenzen des Wachstums. Das 30-Jahre-Update*. Signal zum Kurswechsel. Hirzel Verlag: Stuttgart 2009.

MI Ministerium des Innern des Landes Sachsen-Anhalt: *Verfassungsschutzbericht des Landes Sachsen-Anhalt 1994*. Ministerium des Innern: Magdeburg 1995.

MI Ministerium des Innern des Landes Sachsen-Anhalt: *Verfassungsschutzbericht des Landes Sachsen-Anhalt 2010*. Ministerium des Innern: Magdeburg 2011.

MI Ministerium des Innern des Landes Sachsen-Anhalt: *Verfassungsschutzbericht des Landes Sachsen-Anhalt 2019*. Ministerium des Innern: Magdeburg 2020.

MI Ministerium des Innern des Landes Sachsen-Anhalt: *Verfassungsschutzbericht des Landes Sachsen-Anhalt 1999. Ministerium des Innern:* Magdeburg 2000.

Müller, Carl Georg (2021). Haushaltsrecht und NKF – Neues Kommunales Finanzmanagement. In: Schneider, Bernd Jürgen (Hrsg.): Handbuch Kommunalpolitik Nordrhein-Westfalen. 4., aktualisierte Auflage. Kohlhammer Deutscher Gemeindeverlag: Stuttgart 2021, S. 139–155.

Mühlum, Albert: *Dynamik und Nachhaltigkeit. Unsicherheiten an der Jahrtausendschwelle*. In: Blätter der Wohlfahrtspflege Nr. 1/2000, S. 5–9.

Nohlen, Dieter/Grotz, Florian (Hrsg.): *Lexikon der Politik*. Bundeszentrale für politische Bildung: Bonn 2011.

NPD Nationaldemokratische Partei Deutschlands: Stellungnahme zum Parteiverbotsantrag der Bundesregierung vom 20.04.2001. 2 BvB 1/01. In Auszügen zitiert aus: Seils, Christoph: Ratlosigkeit, Aktionismus und symbolische Politik. Die Geschichte der NPD-Verbotsdebatte. In: Lynen von Berg, Heinz/Tschiche, Hans-Joachim (Hrsg.): *NPD – Herausforderung für die Demokratie*. Metropol Verlag: Berlin 2002, S. 63–102.

Nürnberger, Ingo/Stapf-Finé, Heinz: *Die Rürup-Kommission: Eine vertane Chance*. In: Soziale Sicherheit Nr. 8/2003, S. 267–271.

Oel, Hans-Ulrich/Przesang, Norbert A./Thamm, Rainer: *Berliner kommunalpolitisches Lexikon*. Network Media Verlag: Berlin 2008.

Otto, Hans-Uwe/Thiersch, Hans/Grunwald, Klaus (Hrsg.): *Handbuch Soziale Arbeit. Grundlagen der Sozialarbeit und Sozialpädagogik.* Reinhardt: München 2001.

Otto, Hans-Uwe/Thiersch, Hans/Grunwald, Klaus (Hrsg.): *Handbuch Soziale Arbeit. Grundlagen der Sozialarbeit und Sozialpädagogik. 4., völlig neu bearb. Aufl.* Reinhardt: München 2011.

Palmer, Boris: Tübingen macht blau als Beispiel für erfolgreichen kommunalen Klimaschutz. In: Junkernheinrich, Martin/Lorig, Wolfgang/Masser, Kai (Hrsg.): *Brennpunkte der Kommunalpolitik in Deutschland.* Nomos Verlag: Baden-Baden 2021, S. 328–338.

Peuker, Birgit/Rückert-John, Jana/Yang, Mundo/Baringhorst, Siegrid/Schipperges, Michael: *Potenziale des bürgerschaftlichen Engagements für ökologische Gerechtigkeit und sozial-ökologische Erneuerung der Gesellschaft.* Umweltbundesamt: Dessau 2020.

Rauber, David/Rupp, Matthias/Stein, Katrin et al (Hrsg.): Hessische Gemeindeordnung. 4. Auflage. Kommunal- und Schulverlag: Wiesbaden 2021.

Raich, Mario: *Jenseits der Komfortzone. Wirtschaft und Gesellschaft übermorgen.* Vandenhoeck & Ruprecht: Göttingen 2010.

Recherche Dresden (Hrsg.): *Sieben Thesen für eine konservativökologische Wende.* Dresden 2019. Siehe https://recherche-dresden.de/sieben-thesen-fuer-eine-konservativ-oekologische-wende/. Zuletzt eingesehen am 30.04.2021.

Reichert, Steffen: Einflussnahmen Rechtsextremer und Gegenwehr demokratischer Medien. In: Lynen von Berg, Heinz/Tschiche, Hans-Joachim (Hrsg.): *NPD – Herausforderung für die Demokratie.* Metropol Verlag: Berlin 2002, S. 119–134.

Roth, Roland: Die dunklen Seiten der Zivilgesellschaft. Grenzen einer zivilgesellschaftlichen Fundierung von Demokratie. In: Olk, Thomas (Hrsg.): *Zivilgesellschaft und Sozialkapital.* Springer VS: Wiesbaden 2004, S. 41–64.

Roth, Roland: Lokale Demokratie von unten. Bürgerinitiativen, städtischer Protest, Bürgerbewegungen und neue soziale Bewegungen in der Kommunalpolitik. In: Wollmann Helmut/Roth, Roland (Hrsg.): *Kommunalpolitik. Politisches Handeln in den Gemeinden.* Bundeszentrale für politische Bildung: Bonn 1999, S. 2–22.

Rucht, Dieter: Parteien, Verbände und Bewegungen als Systeme politischer Interessenvermittlung. In: Niedermeyer, Oscar/Stöss, Richard (Hrsg.): *Stand und Perspektiven der Parteienforschung.* Verlag Leske und Budrich: Opladen 1993, S. 251–275.

Rucht, Dieter: Soziale Bewegungen. In: Nohlen, Dieter/Grotz, Florian (Hrsg.): *Lexikon der Politik.* Bundeszentrale für politische Bildung: Bonn 2011, S. 556–559.

Rücker, Norbert/Frank, Jörg: *Handbuch für Kommunalpolitiker in Hessen in Fragen und Antworten.* 2. Auflage. Kommunal- und Schul-Verlag: Wiesbaden 2021. Rürup, Bert: *Nun ist die Politik gefordert: Die Empfehlungen der Kommission für die Nachhaltigkeit in der Finanzierung der sozialen Sicherungssysteme.* In: Soziale Sicherheit Nr. 8/9/ 2003, S. 256–267.

Schneider, Bernd Jürgen (Hrsg.): *Handbuch Kommunalpolitik Nordrhein-Westfalen.* 4., aktualisierte Auflage. Kohlhammer Deutscher Gemeindeverlag: Stuttgart 2021.

Seils, Christoph: Ratlosigkeit, Aktionismus und symbolische Politik. Die Geschichte der NPD-Verbotsdebatte. In: Lynen von Berg, Heinz/Tschiche, Hans-Joachim (Hrsg.): *NPD – Herausforderung für die Demokratie.* Metropol Verlag: Berlin 2002, S. 63–102.

Simonson, Julia/Kelle, Nadiya/Kausmann, Corinna/Tesch-Römer, Clemens(Hrsg.): *Freiwilliges Engagement in Deutschland. Der Deutsche Freiwilligensurvey.* Springer Fachmedien: Wiesbaden 2022.

Sprado, Werner: Nationaldemokratische Partei Deutschlands (NPD): Strategie und Taktik einer verfassungsfeindlichen Partei. In: Lynen von Berg, Heinz/Tschiche, Hans-Joachim (Hrsg.): *NPD – Herausforderung für die Demokratie.* Metropol Verlag: Berlin 2002, S. 31–44.

Statista (2021): *Umweltschützer in Deutschland. Dossier. Kurzfassung.* Statista GmbH: Hamburg 2021. Siehe https://de.statista.com/statistik/ studie/id/62836/dokument/umweltschuetzer-in-deutschland/. Zuletzt eingesehen am 01.03.2022.

Staud, Thoralf: *Grüne Braune.* 2015. Siehe https://www.bpb.de/politik/ extremismus/rechtsextremismus/211922/gruene-braune. Zuletzt eingesehen am 24.04.2021.

Stieß, Immanuel/Sunderer, Georg/Raschewski, Luca/Stein, Melina/ Götz, Konrad: *Klimaschutz und sozial-ökologische Transformation.*

Repräsentativumfrage zum Umweltbewusstsein und Umweltverhalten im Jahr 2020. Umweltbundesamt: Dessau 2022.

Strauss, Anselm L./Corbin, Juliet M.: *Grounded theory. Grundlagen qualitativer Sozialforschung.* (1. Aufl.) Beltz Verlag/PsychologieVerlagsUnion: Weinheim 1996.

Strauss, Anselm L.: *Grundlagen qualitativer Sozialforschung. Datenanalyse und Theoriebildung in der empirischen soziologischen Forschung.* (2. Aufl.) UTB Universitätstaschenbuch. Fink Verlag: München 1994.

UBA Bundesumweltamt (Hrsg.): *Umweltbewusstsein und Umweltverhalten.* Umweltbundesamt: Dessau 2020. Siehe https://www.umweltbundesamt.de/daten/private-haushalte-konsum/umweltbewusstsein-umweltverhalten/#stellenwert-des-umwelt-und-klimaschutzes. Zuletzt eingesehen am 01.03.2022.

Von Weizsäcker, Ernst Ulrich/Hargroves, Karlson/Schmith, Michael/Desha, Cheryl: *Faktor Fünf. Die Formel für nachhaltiges Wachstum.* Droemer: München 2010.

Weiblen, Willi: Kommunale Finanzpolitik. In: Frech, Siegfried/Weber, Reinhold (Hrsg.): *Handbuch Kommunalpolitik. Politik in Baden-Württemberg.* Verlag W. Kohlhammer: Stuttgart 2009.

Weltkommission für Umwelt und Entwicklung/Hauff, Volker (Hrsg.): *Unsere gemeinsame Zukunft.* Abschlussbericht. (Sog. „Brundtland-Bericht".) Eggenkamp: Greven 1987.

Wicke, Lutz/Spiegel, Peter/Wicke-Thüs, Inga/Töpfer, Klaus: *Kyoto Plus. So gelingt die Klimawende – nachhaltige Energieversorgung plus globale Gerechtigkeit. Ein Report an die Global Marshall Plan Initiative.* Beck: München 2006.

Würzner, Eckart: Umwelt- und Klimapolitik in Städten. Energieeffizienz, Mobilität, CO_2-neutrale Energieversorgung am Beispiel Heidelberg. In: Junkernheinrich, Martin/Lorig, Wolfgang/Masser, Kai (Hrsg.): *Brennpunkte der Kommunalpolitik in Deutschland.* Nomos Verlag: Baden-Baden 2021, S. 313–326.

www.ingramcontent.com/pod-product-compliance
Lightning Source LLC
Chambersburg PA
CBHW031541260326
41914CB00002B/215